传感器基础和测试系统
综合实验教程

崔　勇　董韶鹏　编著

北京航空航天大学出版社

内 容 简 介

本书是为"测试系统综合实验"课程编写的教材,主要内容包括传感器测量基础实验(传感器信号分析基础实验、活塞压力计系统静态特性校准实验等)、机载大气数据测试系统综合实验(包括航空压力传感器静态校准实验和大气数据系统飞行参数解算实验)、无线片上系统综合实验(包括数字 I/O、定时器、中断、串口、集成温湿度测量以及光强测量等实验)和基于 ZigBee 的无线传感器网络综合实验(包括星形网络和 Mesh 网络实验)。

本书既可作为普通高等院校自动化和电子信息类专业本科生实验教学的教材,也可作为研究生及相关科研人员的参考书。

图书在版编目(CIP)数据

传感器基础和测试系统综合实验教程 / 崔勇,董韶鹏编著. -- 北京 : 北京航空航天大学出版社,2019.4
 ISBN 978 - 7 - 5124 - 2981 - 9

Ⅰ. ①传… Ⅱ. ①崔… ②董… Ⅲ. ①传感器—测试系统—实验—高等学校—教材 Ⅳ. ①TP212 - 33

中国版本图书馆 CIP 数据核字(2019)第 063857 号

传感器基础和测试系统综合实验教程
崔 勇 董韶鹏 编著
责任编辑 杨 昕

*

北京航空航天大学出版社出版发行

北京市海淀区学院路 37 号(邮编 100191) http://www.buaapress.com.cn
发行部电话:(010)82317024 传真:(010)82328026
读者信箱:copyrights@buaacm.com.cn 邮购电话:(010)82316936
艺堂印刷(天津)有限公司印装 各地书店经销

*

开本:710×1 000 1/16 印张:11.75 字数:250 千字
2019 年 7 月第 1 版 2019 年 7 月第 1 次印刷 印数:2 000 册
ISBN 978 - 7 - 5124 - 2981 - 9 定价:39.00 元

前　言

　　测试测量技术是当代科学技术发展的一个重要标志,它与通信技术、计算机技术一起构成信息科学的三大支柱,是当代信息技术的关键和基础。测试和测量系统负责信息的采集、数据处理和分析,是自然和生产领域中获取信息数据的基本途径和重要手段。本实验教材是为"测试系统综合实验"课程编写的,主要内容包括传感器测量基础实验、传感器信号分析实验、大气参数实验以及无线传感器网络实验。通过实验课的方案讨论、详细设计和操作训练,使学生掌握和熟悉测试测量问题的一般处理方法,积累和提高实验技能,培养学生的独立分析问题、解决问题的能力;通过实验训练,培养严肃、严格、严密的科学态度和工作作风;通过实验设计、验证和研究探讨,巩固理论知识,加深对知识应用的理解,并从中获得新的知识和实践经验,养成创新意识。

　　本教材的特点:重点突出应用性和工程性,同时具备航空航天特色(如引入了包括机载大气数据采集系统实验、飞行器大气参数解算实验等具有航空航天特色的测试测量实验)。教材内容的设置既保证了北京航空航天大学在航空航天领域杰出人才的培养力,又可满足培养时代发展需求的一流工程人才的需求。同时,在教材的编写过程中,还补充了测试测量领域反映新概念、新原理、新技术的内容(如物联网、无线传感器网络等实验内容),力求使学生了解测试测量领域新的科技和产业的发展。

　　本教材的具体内容包括:传感器基础知识、传感器信号分析基础实验、压力计系统静态特性校准实验、温度传感器实验、电感式传感器实验、应变传感器实验、超声传感器实验、电容式传感器实验、电涡流传感器实验、光纤光电传感器实验、霍尔传感器实验、航空压力传感器静态校准实验、大气数据系统飞行参数解算实验、基于无线片上系统的数字 I/O 实验、基于无线片上系统的定时器实验、基于无线片上系统的外部中断实验、基于无线片上系统的串口通信实验、基于无线片上系统的 A/D 转换实验、基于无线片上系统的光强度测量实验、基于无线片上系统的集成温湿度测量实验、基于 ZigBee 的星形无线传感网络综合实验和基于 ZigBee 的 Mesh 无线传感网络综合实验。

本教材系统地包括了传感器测量基础性实验和测量信号分析实验,并在此基础上引入了面向航空航天应用、嵌入式应用和物联网应用的测试系统综合实验内容。实验内容的安排由浅入深,由基础到综合,侧重强化学生测试测量领域知识的运用和实践能力的培养,兼顾提升学生面向未来的适应能力。通过对本教材的学习,可以使学生进一步加深对测试测量基础知识的理解,掌握传感器动静态特性标定的方法,掌握传感器信号的分析方法和数据处理方法;可以使学生运用所学的专业知识对实验数据进行正确的分析与处理,进而掌握航空航天测试测量系统的实现方法,具备到相关研究领域从事科学研究的基本技能。

　　本教材由北京航空航天大学的崔勇和董韶鹏共同编写。其中第1章、第2章和第3章由董韶鹏编写,第4章、第5章和第6章由崔勇编写,全书由崔勇统稿。北京航空航天大学的富立教授担任了主审,并提出了许多中肯的意见与建议,在此致以衷心的感谢!北京航空航天大学自动化与电气工程学院的张军香、宋晓、王秋生、袁海文等老师为编写本教材做了大量的准备工作,再次一并致以衷心的感谢。

　　在本教材的编写过程中,张茜、漆旭平、王琛、严守道等多位研究生也做了大量辛苦的工作,在此表示深深的谢意。

　　本书参考了一些书目、文献及 TI 公司、NI 公司的数据手册和产品手册,在此向这些文献的作者和相关公司表示诚挚的感谢。

　　本实验教材是作者十余年来实践教学的总结,由于作者学识与水平有限,书中错误与不妥之处在所难免,恳请读者批评指正。

作　者

2019 年 3 月

目　录

第 **1** 章

传感器基础和实验须知

本章首先对传感器的基础知识进行了介绍,包括传感器的分类和静态指标;然后对实验室的注意事项、预习、实验报告等做了说明。

1.1 传感器基础

传感器是信息采集的工具,是自动测控系统的"五官",在工业、军事和日常生活中都有广泛的应用。

传感器是能将非电量(如温度、压力、流量……)转换为电信号的装置,通常由敏感元件和转换元件组成。其中敏感元件是指传感器中能够直接感受或响应被测量的部分;转换元件是指传感器中能够将敏感元件感受或响应的被测量转换为适于传输或测量的电信号部分。但并不是所有的传感器都必须包括敏感元件和转换元件,如敏感元件可以直接输出电信号,它就同时具有转换元件的功能;同理,如果转换元件能直接感受被测量并输出电信号,它就同时具有敏感元件的功能。传感器有时也被称为变送器、检测器和探头等。

1.1.1 传感器分类

传感器有不同的分类方法,一般可以根据传感器的输入量、输出量或工作原理进行分类。

根据传感器的输入量可以将传感器分为:温度传感器、压力传感器、流量传感器、位移传感器、速度传感器、湿度传感器等。

根据传感器的输出量可以将传感器分为:电流型传感器、电压型传感器、总线型传感器等。

根据传感器的工作原理可以将传感器分为:电阻式传感器、电感式传感器、电容式传感器、电磁式传感器、光电式传感器等。

1.1.2 传感器的静态特性

当被测量不随时间变化或者变化很慢时,可认为传感器的输入量和输出量都与时间无关,它们之间的关系可以用一个不含时间变量的代数方程表示,在此基础上确定的传感器性能参数称为静态特性。

1. 传感器的静态数学模型

传感器的静态数学模型可以表示为

$$y = a_0 + a_1 x + a_2 x^2 + \cdots + a_n x^n \tag{1.1}$$

式中：x 为输入量；y 为输出量；a_0 为传感器零输入时的输出，也叫零点输出；a_1 为传感器的线性系数也称为线性灵敏度，常用 K 或 S 表示。

2. 传感器的静态性能指标

（1）量　程

量程是指传感器所能测量到的最小被测量（$x_{\min}$）与最大被测量（$x_{\max}$）之间的代数差。可以表示为

$$X_{FS} = x_{\max} - x_{\min} \tag{1.2}$$

（2）线性度

传感器校准曲线与拟合直线间的最大偏差（$\Delta Y_{\max}$）与满量程输出（Y_{FS}）的百分比，称为线性度（也可称为非线性误差）。线性度可以表示为

$$E_L = \pm \frac{\Delta L_{\max}}{Y_{FS}} \times 100\% \tag{1.3}$$

（3）迟　滞

迟滞是指传感器在正向（输入量增大）和反向（输入量减小）行程间，输入-输出特性曲线不一致的程度。迟滞可以表示为

$$E_H = \pm \frac{1}{2} \frac{\Delta H_{\max}}{Y_{FS}} \times 100\% \tag{1.4}$$

式中：$\Delta H_{\max}$ 指传感器正向输出与反向输出之差的最大值。

（4）灵敏度

传感器的灵敏度是输出-输入特性曲线的斜率。在稳态工作情况下，如果传感器的输出量变化 Δy 时对应的传感器输入量变化为 Δx，则灵敏度可以表示为

$$S = \frac{\Delta y}{\Delta x} \tag{1.5}$$

（5）重复性

重复性是指传感器在输入量按同一方向作全量程多次测量时，所得的特性曲线不一致的程度。重复性可以表示为

$$E_R = \pm \frac{3\sigma}{Y_{FS}} \times 100\% \tag{1.6}$$

式中：σ 在数值上用各校准点上正、反行程校准数据的标准偏差表示。

σ 可以通过以下两个式子进行计算：

$$\sigma = \sqrt{\frac{1}{n}\sum_{i=1}^{n}s_i^2} = \sqrt{\frac{1}{2n}\sum_{i=1}^{n}(s_{ui}^2 + s_{di}^2)} \tag{1.7}$$

$$\sigma = \max(s_{ui}, s_{di}) \tag{1.8}$$

（6）分辨率

分辨率是指传感器能够检出的被测信号的最小变化量 Δx_{min} 与满量程的比值。分辨率可以表示为

$$R = \frac{\Delta x_{min}}{x_{FS}} \times 100\% \tag{1.9}$$

（7）漂　移

漂移是指传感器在外界干扰下,输出量发生了与输入量无关的变化。主要有"零点漂移"和"灵敏度漂移",这两种漂移又可以分为"时间漂移"和"温度漂移"。

当传感器输入和环境温度不变时,输出量随时间变化的现象就是时间漂移。通常时漂范围可以是一小时、一天、一个月、半年或一年等。

由外界环境温度变化引起的输出量变化现象称为温度漂移。

（8）综合误差

传感器的综合误差是系统误差与随机误差的综合。目前衡量标准尚不统一,如果传感器是线性传感器,则综合误差有下面几种方法：

1）综合考虑非线性、迟滞和重复性

可以采用直接代数和或均方根进行表示,计算公式如下：

$$E_a = E_L + E_H + E_R \tag{1.10}$$

$$E_a = \sqrt{E_L^2 + E_H^2 + E_R^2} \tag{1.11}$$

2）综合考虑迟滞和重复性

现在的传感器设计绝大多数具有微处理器,因此可以针对校准点进行计算,此时非线性误差可以不考虑,只考虑迟滞和重复性,此时的综合误差计算公式如下：

$$E_a = E_H + E_R \tag{1.12}$$

1.2　实验须知

1.2.1　实验室注意事项

实验室注意事项如下：

① 首次进入实验室参加实验的学生应认真听取实验指导教师对于安全内容的

介绍。

② 实验室总电源由指导教师负责,学生不得擅自接触。

③ 为确保人身及设备安全,应注意衣服、围巾、发辫及实验用线,在有旋转部件的实验中,防止卷入。实验过程中需妥善保管好水杯、饮料瓶等容器,请勿放置在实验操作台上。

④ 学生进行实验时,独立完成的实验线路连接或改接,须经指导教师检查无误并提醒注意事项后,方可接通电源。

⑤ 严禁带电接线、拆线、接触带电裸露部位及电机旋转部件。严禁拉扯电源线,接插时,请抓紧电源线插头。

⑥ 各种仪表、设备在使用前应先确认其所在电路的额定工作状态,选择合理的量程。

⑦ 实验中发生故障时,必须立即切断电源并保护现场,同时报告指导教师;待查明原因并排除故障后,才可继续进行实验。

⑧ 实验室内禁止打闹、大声喧哗、乱扔废弃物以及其他不文明行为。

⑨ 实验开始后,学生不得远离实验装置或做与实验无关的事。

⑩ 实验完毕后应首先切断电源,再经指导教师检查实验数据后方可拆除实验线路,并将实验仪表、用线摆放整齐。

⑪ 实验室计算机安装了硬盘保护卡,注意勿将数据保存在受保护的硬盘内。

1.2.2 预习要求

实验课前应该认真预习本次实验的内容,复习有关理论知识,并做好以下工作:

① 仔细阅读实验指导书,根据实验指导书的内容完成实验预习。

② 针对实验的研究问题,查找相关资料,学习相关原理,进行相关的理论推导及计算,并对所研究问题的结论有一个清晰的认识。

③ 对实验进行设计,包括实验方法、实验设备、所用材料等。

④ 考虑实验过程中可能出现的问题,以及可能的实验结果。

1.2.3 出勤要求

实验课的出勤要求如下:

① 按时进入实验室进行实验,不得迟到。迟到 10 分钟以上者,实验过程成绩减半,迟到 20 分钟以上者,取消本次实验资格。

② 实验完成后,经实验教师检查合格后方可离开,中途不得随便离开实验室,确有情况者,应向实验教师讲明原因,在允许的情况下方可离开。

③ 实验过程中应关闭通信设备,或将通信设备调至静音,实验过程中不允许玩手机。

④ 实验过程中禁止大声喧哗和进食。

1.2.4 实验报告要求

实验报告中应包括以下内容:

① 本实验所涉及的工程问题描述。

② 实验工作原理与理论分析。

③ 预习思考题的实验验证分析。

④ 实验过程描述和实验结果分析。

⑤ 实验结论。

⑥ 个人体会、收获和建议。

第2章

传感器测量基础实验

　　传感器是信息获取的关键环节,它是通过敏感元件直接感受被测量,并把被测量转换为可用电信号的测量装置。本章实验内容涉及压力、温度、应变、电感、超声、电容、光电等不同原理的传感器,以及传感器信号的处理。

2.1　传感器实验平台

2.1.1　实验设备简介

　　实验设备包括:计算机、示波器 DS5062CE、信号源 DG1011、直流稳压电源 DH1718G-4、传感器系统综合实验台 CSY2001B。其中传感器综合实验台由主机和实验模块组成。

　　主机如图 2.1 所示,从左向右依次为:电源开关及指示区、温控电加热区、仪表显示区、多挡位直流稳压电源区、音频信号源区、低频信号源区、振动信号选择区、电机控制区、气源控制区;主机上部还有振动机构区;同时主机还具备数据采集处理及通信(RS232)功能。主机的主要作用是为各实验模块提供电源、激励信号源、气源、加热控制等,各实验模块将会在后面的相应实验内容处进行介绍。

图 2.1　传感器综合实验台(主机部分)

2.1.2 实验设备操作说明

1. 带温度探头的万用表 VC9804 操作说明

VC9804 型数字万用表除电阻、电压、电流等测量功能外,还带有三极管、频率、电容等测量功能,并可以进行温度测量。其温度探头是 K 型热电偶。因为数字万用表操作简单,是常用的小型仪器,所以,在此仅对温度测量进行介绍,操作步骤如下:

① 将量程开关置于℃或℉量程(在我们的实验中为℃量程)。

② 将热电偶冷端插入"TEMP"插孔,热电偶的工作端置于待测温度点。**注意:**热电偶的极性为上"+"下"—"。

③ 直接从万用表的显示器上读出温度值。

注意:万用表上的"TEMP"插孔极性为上"+"下"—"。

2. 直流稳压电源 DH1718G‐4 操作说明

直流稳压电源也是常用的设备,提供直流电压输出。DH1718G‐4 型可提供 0～30 V 的直流稳压输出,此稳压电源的一个特点是,打开电源开关后,可以先不输出电压,待旋钮将输出电压和电流调节正常后,再按下输出按钮,输出电压。

在实验过程中,使用±12 V 电压供给传感器实验模块,因此下面将详细介绍相应的连接关系。

DH1718G‐4 的面板如图 2.2 所示。

图 2.2 直流稳压电源

在电源前面板底部有 7 个接线端子,从左至右依次为电压输出通道Ⅰ的正(红色)和负(黑色),电压输出通道Ⅱ的正(红色)和负(黑色),机壳接地端(绿色),5 V/

3 A 的输出端正(红色)和负(黑色)。

±12 V 电压供给实验仪器的接线原理如图 2.3 所示。

传感器模块对应电源接线端子的接线图如图 2.4 所示。

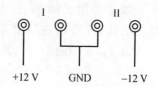

图 2.3　直流稳压电源输出端子定义　　图 2.4　直流稳压电源端子接线示意图

电源操作步骤如下:

① 将电源开关的Ⅰ路和Ⅱ路按钮(分别在仪器两侧)调整为"预置"状态(按钮处于抬起)。

② 打开电源开关。

③ 调节"电压调节"旋钮,使显示器电压显示实验需要的电压,如 12 V。

④ 按照图 2.4 连接线路,确保电源连接正确。

⑤ 按下Ⅰ路和Ⅱ路按钮使其位于"输出"状态。

⑥ 确认电源电压和供电电流是否正常(如供电电流不足,有可能电压不能正常输出,在排除接线等故障后,可适当调节"电流调节"旋钮,增大电源输出电流)。

⑦ 使用完毕后,将Ⅰ路和Ⅱ路按钮置于"预置"状态。

⑧ 关闭电源开关。

3. 信号发生器操作说明

实验中使用的信号源型号为 DG1011,其操作面板如图 2.5 所示。

信号源的操作步骤如下:

① 插上电源线,将信号源背面的电源开关打开。

② 按下前面板左下角的电源开关,此时电源键指示灯点亮。

③ 按波形选择键,选择某个信号波形,如按亮"Noise"选择噪声输出,LCD 显示屏显示对应波形的参数及对应数值,如噪声有"幅值""偏移量"两个参数,正弦有"频率""幅值""偏移量"三个参数。

④ 按数字键盘可输入对应参数的数值,然后选择对应的特性,如噪声信号可选"mVpp""Vpp""mVRMS""VRMS",其中"Vpp"为峰峰值,"VRMS"为均方值。

⑤ 设置完成后,连接输出端子的信号线,按亮"Output"按钮,信号即可输出。

⑥ 使用完毕后,关闭电源,拔下导线。

信号源除了输出典型的波形外,还有一些辅助功能,如直流输出、同步输出等。其中直流输出功能在后续实验中会用到,其操作步骤如下:

① 插上电源线,将信号源背面的电源开关打开。

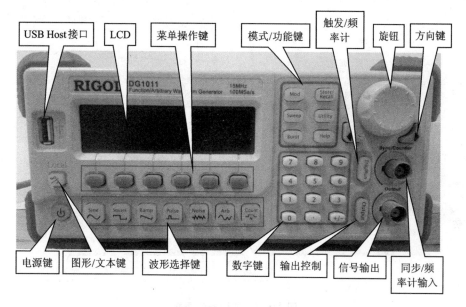

图 2.5　信号源操作面板

② 按下前面板左下角的电源开关,此时电源键指示灯点亮。

③ 按亮"Utility",LCD 显示屏底部显示辅助功能,按菜单操作键中"直流关"对应的按钮,显示"直流开"及"偏移量",利用数字键输入要求设置的直流输出的幅值。

④ 连接输出端子的信号线,按亮"Output"按钮,信号即可输出。

⑤ 使用完毕后,关闭电源,拔下导线。

4. 数字示波器操作说明

实验中用到的数字示波器型号为 DS-5062CE,其操作面板及功能说明如图 2.6 所示。

示波器的操作步骤如下:

① 插上电源线,按下左下角电源开关,打开示波器。

② 示波器探头一端连接至示波器上的 CH1 和 CH2 处,另一端连接到被测信号端,按 AUTO 按钮,可在显示屏显示被测波形。

③ 可以利用垂直控制旋钮调节显示波形的幅值显示范围,利用水平控制旋钮调节显示波形的时间显示范围。

④ 可以利用垂直"POSITION"旋钮调节显示波形的幅值偏移量,利用水平"POSITION"旋钮调节显示波形的时间偏移量。

⑤ 使用完毕后,收拾好探头电缆并关闭示波器的电源开关。

实验中会使用示波器的单次触发功能,其操作步骤如下:

① 插上电源线,按下左下角电源开关,打开示波器。

② 按一下示波器右侧"TRIGGER"框中的"MENU"按钮,显示屏显示"TRIGGER"

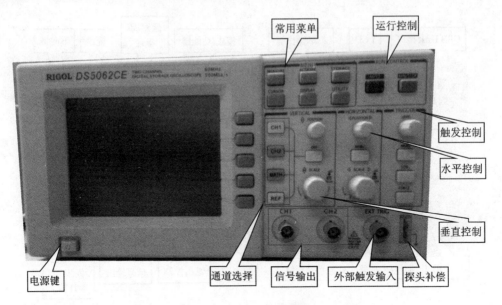

图 2.6 示波器操作面板

菜单。

③ 按动显示屏右边对应菜单中的"触发方式",选择"单次"。

④ 按动显示屏右边对应菜单中的"边沿类型",选择"双沿"或"单沿"。

⑤ 按动显示屏右边对应菜单中的"信源选择",选择"CH1"或"CH2"。

实验中还会使用到示波器的时间测量标尺功能,其操作步骤如下:

① 在示波器操作面板的左上角"MENU"框中,按一下"CURSOR"按钮,显示屏显示"CURSOR"菜单。

② "光标模式"选择"手动","光标类型"选择"时间"。

③ 示波器操作面板上的垂直和水平"POSITION"旋钮可以分别移动标尺的位置。

2.2 传感器测量信号处理软件

本实验所用的软件为 MATLAB,这里简单介绍一下实验中用到的 MATLAB 的相关内容。

2.2.1 波形的产生

MATLAB 提供的波形产生函数包括正弦、方波、锯齿波、噪声、脉冲序列等波形,在此仅介绍实验中用到的几个。

1. 正弦信号的产生

正弦信号的产生函数如下：

$$y = A * \sin(2 * pi * f * t) \tag{2.1}$$

式中：pi 为圆周率；A 为信号的幅值；f 为信号的频率；t 为时间序列；y 为返回的正弦序列。

2. 方波信号的产生

方波信号的产生函数如下：

$$y = A * \text{square}(2 * pi * f * t) \tag{2.2}$$

或

$$y = A * \text{square}(2 * pi * f * t, duty) \tag{2.3}$$

式中：pi 为圆周率；A 为信号的幅值；f 为信号的频率；t 为时间序列；duty 为占空比；y 为返回的方波序列。

3. 锯齿波信号的产生

锯齿波信号的产生函数如下：

$$y = A * \text{sawtooth}(2 * pi * f * t) \tag{2.4}$$

或

$$y = A * \text{sawtooth}(2 * pi * f * t, width) \tag{2.5}$$

式中：pi 为圆周率；A 为信号的幅值；f 为信号的频率；t 为时间序列；width 是 0~1 之间的标量，指定在一个周期之间最大值的位置，是该位置横坐标和周期的比值；y 为返回的锯齿波序列。

4. 随机噪声信号的产生

随机噪声信号的产生函数如下：

$$y = A * \text{randn}[\text{size}(t)] \tag{2.6}$$

式中：A 为信号的幅值；t 为时间序列；size(t) 是查询 t 的维数，返回 t 的长度，作为函数 randn 的自变量，输出同样长度的噪声信号序列；y 为返回的噪声序列。

2.2.2 波形的显示

本实验中仅使用平面图形，画图函数为 plot(x)、plot(x, y)、plot$(x_1, y_1, x_2, y_2, \cdots)$ 或 plot$(x, y,$ '选项'$)$。

plot(x)：x 为需要显示的序列，x 为纵轴，横轴从 1 开始自动赋值，长度与 x 的长度相同。

plot(x, y)：x 为横坐标向量，y 为纵坐标向量。

plot$(x_1, y_1, x_2, y_2, \cdots)$：在同一窗口绘制多条曲线，横坐标分别为 $x_1, x_2, \cdots$，纵坐标分别为 $y_1, y_2, \cdots$。

为图形添加标注及图题的方法：

xlabel('text')：将 text 添加到 x 轴下方。

ylabel('text')：将 text 添加到 y 轴下方。

title('text')：将 text 添加到图形上方。

2.2.3 快速傅里叶变换

快速傅里叶变换的函数为

$$y = \text{fft}(x, N) \tag{2.7}$$

式中：x 为需要转换的序列；N 为转换时的点数，必须为 2 的幂次。该函数的使用方法如例 2.1 所示。

【例 2.1】 fft 函数的使用例程。

```
fs = 1000;
det = 1/fs;
t = 0:det:6;
y = sin(2 * pi * 50 * t) + sin(2 * pi * 120 * t);
x = y + 2 * randn(size(t));
subplot(2,1,1)
plot(x(0:50))
Z = fft(x,512);
Y = abs(Z);
f = fs * (0:256)/512;
subplot(2,1,2)
plot(f,Y(1:257))
```

2.2.4 相关运算

自相关运算函数如下：

$$c = \text{xcorr}(x, '\text{unbiased}') \tag{2.8}$$

两个信号的互相关运算函数如下：

$$c = \text{xcorr}(x, y, '\text{unbiased}') \tag{2.9}$$

式中：x 和 y 代表信号；unbiased 为无偏估计。

$c = \text{xcorr}(x, '\text{unbiased}')$：求信号 x 的自相关，'unbiased' 为无偏估计。

$c = \text{xcorr}(x, y, '\text{unbiased}')$：信号 x、y 的互相关，'unbiased' 为无偏估计。

相关函数的使用如例 2.2 所示。

【例 2.2】 相关函数的使用例程。

```
dt = .1;
t = [0:dt:100];
y = randn(size(t));
subplot(2,1,1);
plot(t,y);
[a,b] = xcorr(y,'unbiased');
subplot(2,1,2);
plot(b * dt,a);
axis([ - 50,50, - 1,1.5])
```

2.2.5 m 文件

可以在命令窗口直接输入命令;也可以建立 m 文件,在 m 文件中编写程序后, 再运行。

直接单击 New Script 按钮,或单击 New 按钮再单击 Script 按钮,均可新建 m 文件,m 文件界面如图 2.7 所示。

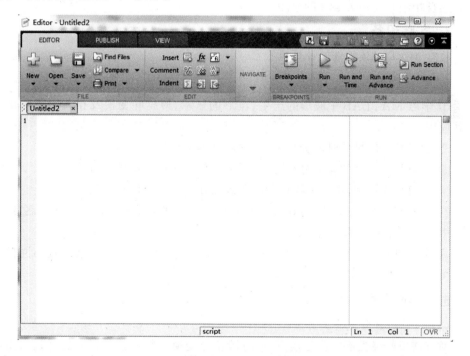

图 2.7 m 文件界面

可在空白处输入相应的命令,输入完成后,单击 Run 按钮即可执行程序。如果程序存在问题,则会在命令窗口提示,可根据软件提示进行程序的修改。

注意:m 文件的文件名在命名时一定不能同 MATLAB 本身的函数名相同。

2.3 传感器信号分析基础实验

1. 实验目的

① 掌握基本信号的时域和频域分析方法及原理。

② 掌握信号的自相关和互相关分析,了解其应用。

③ 掌握利用 MATLAB 分析基本信号的方法。

2. 实验内容

① 通过产生不同的时域信号,在时域分析其基本特征,并在时域对信号进行表述;对产生的信号进行傅里叶变换,变换到频域,在频域分析信号的特征,并在频域对信号进行表述;描述时域和频域对信号分析的作用。

② 利用 MATLAB 的自相关运算函数分析噪声、正弦信号、复合信号等的自相关特性,利用互相关运算函数分析同频率信号、不同频率信号等之间的互相关特性,并研究自相关和互相关运算的应用。

3. 实验设备

装有 MATLAB 软件的计算机 1 台。

4. 预习要求

① 学习 MATLAB 中波形的产生、波形的显示、傅里叶变换及相关运算的函数及其应用。

② 学习基本信号的时域分析方法,学习基本信号的特征提取。

③ 学习基本信号的频域分析方法,学习如何在频域提取信号特征。

④ 学习采样定理,掌握采样定理的原理及在应用中的注意事项。

⑤ 学习 fft 的编程方法,考虑 fft 中 N 与信号长度的关系,如何选取 N,考虑 fft 变换中频率分辨率受哪些因素的影响。

⑥ 预习自相关运算,学习噪声、正弦信号灯的自相关运算后的结果及不同信号互相关运算结果。

5. 实验原理

(1) 信号的时频域转换方法

通过傅里叶级数展开或变换,可将时域信号变换为频域信号;反之,通过傅里叶逆变换可以将频域信号转换为时域信号。通过时频域转换,不仅可以研究、分析信号的时域特征(如持续时间、幅值等),还可以研究、分析信号的频域特征(如是否有周期性信号、频率带宽等),实现对信号的全面认识。

按照时域信号的特点,可以应用不同的方法将其转换为频域信号,如图 2.8 所示。

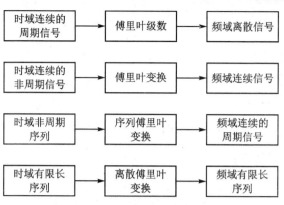

图 2.8 四种时频域转换方式

四种傅里叶变换原理如下：

1) 傅里叶级数展开

级数展开有两种形式：三角级数和指数级数形式。其中前者为单边谱或实频谱，后者为双边谱或复频谱。

三角函数形式的傅里叶级数展开如下：

$$f(t) = \frac{a_0}{2} + \sum_{n=1}^{\infty} (a_n \cos n\omega t + b_n \sin n\omega t) \tag{2.10}$$

式中：

$$a_n = \frac{2}{T} \int_{t_0}^{t_0+T} f(t) \cos n\omega t \, dt, \quad n = 0, 1, 2, \cdots \tag{2.11}$$

$$b_n = \frac{2}{T} \int_{t_0}^{t_0+T} f(t) \sin n\omega t \, dt, \quad n = 0, 1, 2, \cdots \tag{2.12}$$

$$\omega = \frac{2\pi}{T} \tag{2.13}$$

对于指数函数形式的傅里叶级数展开，可以根据欧拉公式，将上式转化为指数形式，如下：

$$f(t) = \sum_{n=-\infty}^{\infty} F(n\omega) e^{jn\omega t} \tag{2.14}$$

$$F(n\omega) = F_n = \frac{1}{T} \int_{t_0}^{t_0+T} f(t) e^{-jn\omega t} \, dt \tag{2.15}$$

2) 傅里叶变换

傅里叶变换分正变换和逆变换，前者是将时域信号变换为频域信号，后者是将频域信号转换为时域信号。

其中，正变换的表达式如下：

$$\mathbb{F}[f(t)] = F(\omega) = \int_{-\infty}^{\infty} f(t) e^{-j\omega t} \, dt \tag{2.16}$$

逆变换的表达式如下：

$$\mathbb{F}^{-1}\left[F(\omega)\right]=f(t)=\frac{1}{2\pi}\int_{-\pi}^{\pi}F(\omega)e^{j\omega t}\,d\omega \tag{2.17}$$

3）序列傅里叶变换

序列傅里叶变换也分正、逆变换。

其中，正变换的表达式如下：

$$\mathbb{F}\left[x(n)\right]=X(e^{j\omega})=\sum_{n=-\infty}^{\infty}x(n)e^{-jn\omega} \tag{2.18}$$

逆变换的表达式如下：

$$\mathbb{F}^{-1}\left[X(e^{j\omega})\right]=x(n)=\frac{1}{2\pi}\int_{-\pi}^{\pi}X(e^{j\omega})e^{jn\omega}\,d\omega \tag{2.19}$$

4）离散傅里叶变换

有限长序列的离散傅里叶变换的正、逆变换如下：

其中，正变换的表达式如下：

$$X(k)=\text{DFT}\left[x(n)\right]=\sum_{n=0}^{N-1}x(n)W_N^{kn} \tag{2.20}$$

逆变换的表达式如下：

$$x(n)=\text{IDFT}\left[X(k)\right]=\frac{1}{N}\sum_{n=0}^{N-1}X(k)W_N^{-kn} \tag{2.21}$$

（2）采样过程及采样定理

采样过程：从时域看，采样过程就是通过等间隔或不等间隔地获取原始信号的某些片断，得到采样信号；通过对采样信号的处理和分析，可以获取原始信号的特征信息。理想的采样过程是冲激采样。在实际中，不可能产生冲激采样序列，一般都是矩形窗、Hamming 窗、Hanning 窗等，采用不同的采样窗函数，得到的采样效果是不同的，特别是旁瓣的大小不同。

采样定理：采样定理主要是考虑如何不失真地对信号进行采样，特别是考察待采样信号的频率与采样频率之间的关系。当采样频率大于或等于信号频率的 2 倍时，采样后的信号得到了忠实的保持，没有产生采样误差；而当采样频率小于信号频率的 2 倍时，发生了混叠误差，这样就不能实现对原信号的复原。因此采样定理可以描述为：对一带限信号，设 ω_m 为信号的最高频率，抽样信号能无失真地恢复原信号的条件为 $\omega_s \geqslant 2\omega_m$，其中 ω_s 为采样频率。

（3）信号相关分析原理

由概率统计理论可知，相关是用来描述一个随机过程自身在不同时刻的状态间，或者两个随机过程在某个时刻状态间线性依从关系的数字特征。

① 自相关函数是信号在时域中特性的平均度量，它用来描述信号在一个时刻的取值与另一时刻取值的依赖关系，定义为

$$R_{xx}(\tau)=\lim_{T\to\infty}\frac{1}{T}\int_0^T x(t)x(t+\tau)\,dt \tag{2.22}$$

对于周期信号,积分平均时间 T 为信号周期。对于有限时间内的信号,例如单个脉冲,当 T 趋于无穷大时,该平均值趋于零,此时自相关函数可用下式计算:

$$R_{xx}(\tau) = \int_{-\infty}^{\infty} x(t)x(t+\tau)\mathrm{d}t \tag{2.23}$$

② 互相关函数是处理两个不同信号之间的相似性问题,它描述一个信号的取值对另一个信号的依赖程度。随机信号和互相关函数定义为

$$R_{xy}(\tau) = \lim_{T \to \infty} \frac{1}{T} \int_0^T x(t)y(t+\tau)\mathrm{d}t \tag{2.24}$$

6. 实验步骤

① 产生不同的周期信号,包括正弦信号、方波信号、锯齿波,在时域分析这些波形特征(幅值、频率(周期))。

② 在 MATLAB 中产生不同的非周期信号,包括随机噪声、阶跃信号(选作)、矩形脉冲(选作)。

③ 对前两步产生的信号进行傅里叶变换,从频域分析信号的特征,并说明方波信号和锯齿波信号的信号带宽;进行傅里叶变换时注意采样频率。

④ 产生复合信号:由 3 个不同频率、幅值的正弦信号叠加的信号,从图形上判断信号的特征;产生由正弦信号和随机信号叠加的混合信号,从图形上判断信号的特征;产生由正弦信号和方波叠加的信号,从图形上判断信号的特征。

⑤ 对步骤④中的 3 种复合信号进行 FFT 计算,从图上判断信号的特征。

⑥ 产生一个基波信号,显示图形;按照方波的傅里叶级数展开的规律再叠加一个三次谐波,显示图形;再叠加一个五次谐波,显示图形;……。观察信号的变化,直至所生成的叠加信号近似为一个方波信号(将以上图形显示在同一张图的不同部分)。

⑦ 产生一个周期信号,进行自相关运算,说明周期信号进行自相关运算后的信号与原信号相比的特点。

⑧ 对白噪声信号进行自相关运算,观察运算后的信号特征,并叙述产生这种现象的原因。

⑨ 对步骤⑦中产生的周期信号叠加白噪声,进行自相关运算,观察信号特征。

⑩ 产生两个同频率的周期信号,进行互相关运算,观察运算后的信号。

⑪ 产生两个不同频率的周期信号,进行互相关运算,观察运算后的信号。

7. 注意事项

① 注意将时域的图形和频域的图形画在同一界面,以利于比较。

② 注意图形的横、纵坐标和图题的标注。

③ 注意实验过程中分析图形的正确性,对不正确的予以改正。

④ 注意为了使同学们在实验过程中得到锻炼,所给例程存在一些问题,请仔细分析,改正错误。

8. 实验报告要求

实验报告中应包括以下内容:

① 本实验的核心内容为傅里叶变换和相关性分析,报告中应通过资料的查找等对这两个内容展开讨论,并分析其在工程中的应用。

② 通过理论分析及计算,得到实验所产生波形的时域特征及其傅里叶变换结果(可通过 MATLAB 或 VC 编程实现),并对相关运算的结果进行理论分析。

③ 分析傅里叶变换中的频率分辨率问题。

④ 报告中应附图并进行详细的分析说明。

⑤ 给出傅里叶变换及相关性的应用意义。

⑥ 个人体会和建议。

9. 课后思考题

① 实验中出现了什么样的问题,是如何解决的?

② 傅里叶变换的频率分辨率受哪些因素的影响?

2.4 活塞压力计系统静态特性校准实验

1. 实验目的

① 掌握压力传感器的测量原理。

② 掌握压力测量系统的组成及工作原理。

③ 掌握压力传感器静态校准实验和静态校准数据处理的一般方法。

2. 实验内容

① 了解活塞压力计的输出信号,设计活塞压力计的调理电路。

② 连接活塞压力计测试系统。

③ 测量活塞压力计的静态特性。

3. 实验设备

本实验系统由活塞式压力计(含硅压阻式压力传感器)、砝码、信号调理电路,4 位半数字电压表,直流稳压电源和采样电阻组成,实验设备详细信息如表 2.1 所列。

表 2.1 实验设备详细信息

设备名称	设备型号	精 度	量 程	数 量
活塞式压力计	YS-6	0.05%	0~0.6 MPa	1
压力传感器	MPM180	0.2%	0~0.7 MPa	1
精密电阻	250 Ω、1/4 W	0.01%		1
数字电压表	UT61E	4 位半		1
直流稳压电源	DH1718G-4	0.02%	+24 V	1

图 2.9 所示为活塞压力计照片,图 2.10 所示为活塞压力计的结构说明,图 2.11 所示为砝码照片。

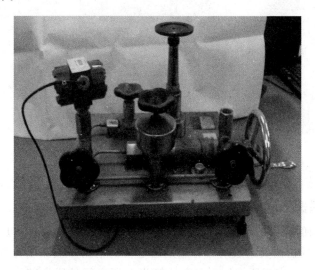

图 2.9 活塞压力计实验台

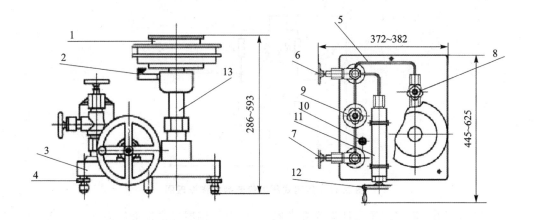

1—砝码;2—指标板;3—底座;4—调整螺钉;5—连接管部件;

6、7、8—阀;9—油杯;10—水平仪;11—手摇泵;12—手轮;13—测量系统

图 2.10 活塞压力计结构

4. 预习要求

① 学习活塞压力计的工作原理。

② 了解活塞压力计的操作,学习注意事项。

③ 设计调理电路。

④ 掌握测试系统的连接。

图 2.11　砝　码

⑤ 掌握静态特性测量原理。

5. 实验原理

实验中所用的压力传感器为压阻式,是采用集成工艺技术在硅片上制造出 4 个呈 X 形的等值电阻,由其组成的具有惠斯通电桥的电路。被测压力通过压力接口作用在硅敏感元件上,实现所加压力与电桥输出电压之间的线性转换,通过激光修正、温度补偿,所以线性好,灵敏度高,重复性好。其工作原理如图 2.12 所示。

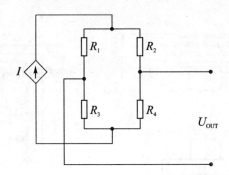

图 2.12　压阻式压力传感器工作原理图

在实验中,活塞式压力计作为基准器,为压力传感器提供标准压力 0~0.6 MPa。信号调理器为压力传感器提供恒流电源,将压力传感器输出的电压信号放大并转换为电流信号。信号调理器输出为二线制,4~20 mA 信号在 250 Ω 采样电阻上转换为 1~5 V 的电压信号,由 4 位半数字电压表读出。

实验系统框图如图 2.13 所示,实验电路接线图如图 2.14 所示。

6. 实验步骤

① 用调整螺钉和水平仪将活塞压力计调至水平。

② 核对砝码质量及个数,注意轻拿轻放。

③ 将活塞压力计的油杯针阀打开,逆时针转动手轮向手摇泵内抽油,抽满后,将油杯针阀关闭(严禁未打开油杯针阀时,用手轮抽油,以防损坏传感器)。

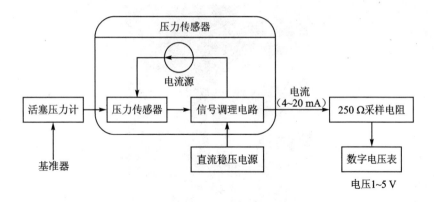

图 2.13 实验系统框图

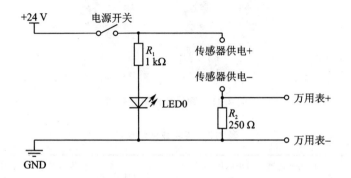

图 2.14 实验电路接线图

④ 加载砝码至满量程,转动手轮使测量杆标记对齐(如图 2.15 所示),再卸压。反复 1～2 次,以消除压力传感器内部的迟滞。

⑤ 卸压后,重复步骤③,并在油杯关闭前记录传感器的零点输出电压,记为正行程零点。

⑥ 按 0.05 MPa 的间隔(**注意**:砝码托盘自重 0.04 MPa,第一次应加一个 0.01 MPa 的砝码),逐级给传感器加载至满量程,每加载一次,转动手轮使测量杆上的标记对齐,在电压表上读出每次加载的电压值。

⑦ 加载至满量程后,用手指轻轻按一下砝码中心点,施加一小扰动,稍后记录该电压值,记为反行程的满量程值。此后逐级卸载,每卸载一次需要用手轮保证测量杆上的标记对齐,然后从电压表上读出相应的电压值。

⑧ 卸载完毕,将油杯针阀打开,记录反行程零点,一次循环测量结束。

⑨ 稍停 1～2 min,开始第二次循环,从步骤⑤开始操作,共进行 3 次循环。

⑩ 实验数据记录表如表 2.2 所列。

图 2.15　测量杆标记对齐图

表 2.2　实验数据记录表

压力/MPa		压力变送器的输出电压/V			压力/MPa		压力变送器的输出电压/V		
		第一循环	第二循环	第三循环			第一循环	第二循环	第三循环
正行程	0.05				反行程	0.50			
	0.10					0.45			
	0.15					0.40			
	0.20					0.35			
	0.25					0.30			
	0.30					0.25			
	0.35					0.20			
	0.40					0.15			
	0.45					0.10			
	0.50					0.05			

7. 注意事项

① 保持砝码干燥,轻拿轻放,防止摔碰。

② 旋转手轮和针阀时,防止用力过猛。

③ 正、反行程中,要求保持压力的单调性,如遇压力不足或压力超值,应重新进行此循环。

④ 当活塞压力计测量系统的活塞升起时,应注意杆的标记线与两侧固定支架上的标线对齐,同时,用手轻轻转动托盘,以保持约 30 r/min 的旋转速度,用以消除静摩擦,此后方可进行读数。

⑤ 严禁未开油杯针阀时,用手轮抽油,以防破坏传感器;严禁在电压表输出值不变的情况下,连续转动手轮数圈。

8. 实验报告要求

① 将此实验中各个部分用方框图予以标明,并标出基准器、传感器输出值的读出装置。

② 将实验数据整理成表格。

③ 计算传感器各项静态性能指标。

④ 校准曲线(传感器实际特性的数学期望)的确定。

⑤ 非线性度的计算。

⑥ 迟滞误差的计算。

⑦ 重复性(即精密度)的计算,即有限次测量的采样标准偏差的计算。

⑧ 总精度的计算。

9. 课后思考题

① 活塞压力计测量系统的组成及工作原理。

② 静态测量的原理。

2.5 温度传感器实验

1. 实验目的

① 了解各种温度传感器(热电偶、铂热电阻、PN 结温敏二极管、半导体热敏电阻、集成温度传感器)的测温原理。

② 掌握热电偶的冷端补偿原理。

③ 掌握热电偶的标定过程。

④ 了解各种温度传感器的性能特点并比较上述几种传感器的性能。

2. 实验内容

① 对热电偶进行温度标定实验,对热电偶进行冷端补偿。

② 测量各种温度传感器测量系统的输出,了解各种温度传感器的特性。

3. 实验设备

(1) 温度传感器实验模块

该模块由加热炉及各种温度传感元件(包括:热电偶、铂热电阻、PN 结温敏二极管、半导体热敏电阻、集成温度传感器和红外传感器)组成,模块如图2.16所示。

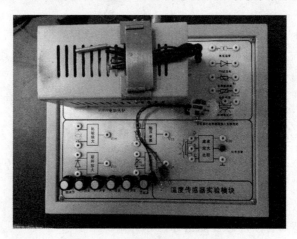

图2.16 温度传感器实验模块

(2) 温度控制器

温度控制器的作用是实现温度的测量、控制和显示,它在综合实验平台的主机上(见图2.1)。温度调节方式为时间比例式,主机上温控区的绿灯亮时表示继电器吸合,电炉加热,红灯亮时表示加热炉断电。

温度设定:拨动主机上温控区开关至"设定"位,调节设定电位器,仪表显示的温度值(℃)随之变化,调节至实验所需的温度时停止。然后将拨动开关扳向"测量"侧,(**注意**:首次设定温度不应过高,以免热惯性造成加热炉温度过冲)。

(3) 热电偶

该实验中使用热电偶作为温度控制的传感器,包括K型和E型两种类型,如图2.17所示,传感器实物端子上有显示传感器型号的标签。

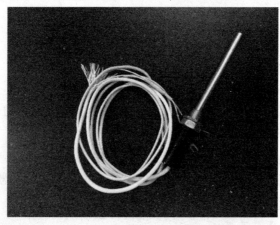

图2.17 K型和E型热电偶

（4）万用表

实验中包含两种万用表，即带温度探头的万用表（型号为 VC9804A）和普通万用表（型号为 VC9806）。

4. 预习要求

① 学习热电偶的工作原理及其冷端补偿的方法。

② 学习各种温度传感器的工作原理。

③ 了解实验的注意事项。

5. 实验原理

（1）热电偶测温原理

由两根不同质的导体熔接而成的闭合回路叫做热电回路，当其两端处于不同温度时回路中会产生一定的电流，这表明电路中有电势产生，此电势即为热电势。如图 2.18 中，T 为热端温度，T_0 为冷端温度。

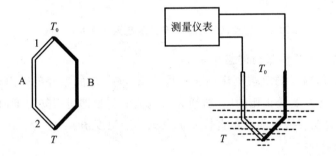

图 2.18　热电偶测温原理

（2）热电偶冷端补偿原理

热电偶冷端温度不为 0 ℃时，需对所测热电势值进行修正，修正公式为

$$E(T,T_0)=E(T,T_1)+E(T_1,T_0) \tag{2.25}$$

即热电偶的实际电动势是测量所得电势与温度修正电势之和。

（3）铂热电阻的测温原理

铂热电阻的阻值与温度的关系近似线性，当温度在 0 ℃≤T≤650 ℃时，存在以下关系式：

$$R_T=R_0(1+AT+BT^2) \tag{2.26}$$

式中：R_T 为铂热电阻在 T ℃时的电阻值；R_0 为铂热电阻在 0 ℃时的电阻值；A 为系数（＝3.968 47×10^{-3}/℃）；B 为系数（＝3.968 47×10^{-7}/℃²）。

实际测温时将铂热电阻作为桥路中的一部分，在温度变化时电桥失衡便可测得相应电路的输出电压变化值。

（4）PN 结温敏二极管的测温原理

半导体 PN 结具有良好的温度线性，根据 PN 结的特性表达式可知，当一个 PN

结制成后,其反向饱和电流基本上只与温度有关,通常温度每升高 1 ℃,PN 结正向压降就下降 2 mV,因此可以利用 PN 结的这一特性测得温度的变化。

(5) 热敏电阻的测温原理

热敏电阻是利用半导体的电阻值随温度升高而急剧下降这一特性制成的热敏元件。它通常呈负温度特性,灵敏度高,可以测量小于 0.01 ℃的温差变化。图 2.19 所示为金属铂热电阻与热敏电阻温度曲线的比较。

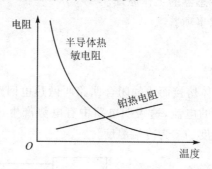

图 2.19　金属铂热电阻和热敏电阻温度曲线比较

(6) 集成温度传感器的测温原理

用集成工艺制成的双端电流型温度传感器,在一定的温度范围内按 1 μA/K 的恒定比值输出与温度成正比的电流,通过对电流的测量即可得知温度值(开氏温度),经开氏-摄氏温度转换电路即可直接显示摄氏(℃)温度值。

6. 实验步骤

热电偶标定实验步骤如下:(**注意**:为提高效率,在标定热电偶的同时可将其他温度传感器按照说明连好线,同时进行测量)

① 观察热电偶结构(可旋开热电偶保护外套),了解温控电加热器工作原理。

② 关闭主机"电源开关",将温控电加热炉电源插头插入主机"220 V 加热电源出"插座;热电偶插入电加热炉内,K 分度热电偶为标准热电偶,冷端接"测试"端,E 分度热电偶接"温控"端,(**注意**:热电偶极性不能接反,红端为正,蓝端为负,而且不能断偶)。

③ 连接主机的"实验模块电源"至温度传感器实验模块电源插座(在后侧板),连接关系如图 2.20 所示。

④ 将主机上的"热电偶转换"开关扳向"温控"端,调节"设定调节"旋钮至最低。

⑤ 关闭"应变加热"开关,打开主机"电源 开关",将主机上"加热炉"置"开"。

⑥ "测量设定"开关扳向"设定",调节"设定调节"旋钮,将温度设定在 40 ℃(**注意**:由于温控炉超调较大,可以将设定值稍微调小一些)。

⑦ "测量设定"开关扳向"测量"。

⑧ 温控炉加热时,"加热"指示灯亮,温控电加热炉加热;加热炉达到设定温度

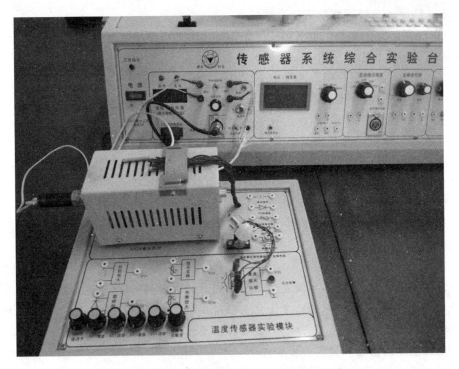

图 2.20　温度传感器实验模块与主机之间的连接图

后,"加热"指示灯灭,"关闭"指示灯亮,温控炉在设定温度保温。

⑨ 将 VC9806 型万用表置 200 mV 挡,当"温控加热器"上方的数码管显示为设定温度时,用 VC9806 型万用表分别测量 K 型和 E 型热电偶的热电势。

⑩ 用 VC9804 型万用表测量冷端温度,即环境温度。(将温度探头连接在万用表的"TEMP"插座,万用表置"℃"挡,注意温度探头的方向,将温度探头的"+"端插入万用表温度测量的"+"端)

⑪ 按照步骤⑥,分别将温度设定在 40 ℃、50 ℃、60 ℃、70 ℃、80 ℃、90 ℃、100 ℃,重复步骤⑦～⑩,记录测量数据,填入表 2.3 中。

⑫ 根据数据分别绘制 K 型热电偶和 E 型热电偶的温度与热电势的关系曲线。

⑬ 将 K 型热电偶作为标准热电偶,计算被测热电偶 E 型热电偶的误差。

铂热电阻测量实验步骤如下:

① 观察已置于加热炉顶部的铂热电阻,在温度传感器实验模块上,将 Pt100 铂热电阻的插孔连接至相应的失衡放大电路插孔。

② 调节调零旋钮"V04 调零",使输出电压为零。

③ 用 VC9806 型万用表测量 V04 铂热电阻电路输出端电压。记录温度值及电压,填入表 2.3 中。

④ 作出电压-温度曲线,观察其工作线性范围。

PN 结温敏二极管测量实验步骤如下：

① 观察已置于加热炉顶部的 PN 结温敏二极管,在温度传感器实验模块上,将 PN 结温敏的插孔连接至相应的取样放大电路插孔(注意有方向)。

② 用 VC9806 型万用表测量 PN 结温敏二极管电路输出端电压 V02。

③ 记录温度值及电压,填入表 2.3 中。

④ 作出电压-温度曲线,求出灵敏度 $S = \Delta V / \Delta T$。

半导体热敏电阻测量实验步骤如下：

① 观察已置于加热炉顶部的半导体热敏电阻,在温度传感器实验模块上,将半导体热敏电阻的插头连接至相应的阻压变换电路插孔。

② 调节温度传感器实验模块上的"V03 增益",使输出电压值为 1.8 V。

③ 用 VC9806 型万用表测量热敏电阻电路输出端电压 V03。记录温度值及电压,填入表 2.3 中。

④ 作出电压-温度曲线。

注意:热敏电阻感受到的温度与万用表测量的温度相同,并不是加热炉数字表上显示的温度(数字表上显示的温度为热电偶所在的加热炉中心处的温度)。而且热敏电阻的阻值随温度的不同变化较大,故应在温度稳定后记录数据。

集成温度传感器测量实验步骤如下：

① 观察已置于加热炉顶部的集成温度传感器,在温度传感器实验模块上,将集成温度传感器的插头连接至相应的比较放大电路插孔(注意有方向)。

② 调节温度传感器实验模块上的"V01 示值调节",显示当前温度。(VC9806 型万用表(2 V 挡)所示电压代表当前温度值(已设定电压显示值最后一位为(1/10) ℃,如电压表 2 V 挡显示 0.256 就表示 25.6 ℃))

③ 用 VC9806 型万用表测量集成温度传感器电路输出端电压 V01。记录温度值及电压,填入表 2.3 中。

④ 作出电压-温度曲线。

表 2.3　温度传感器实验记录表

给定温度/℃		40	50	60	70	80	90	100
冷端温度/℃								
K 型热电偶的测量值	热电势/mV							
	冷端补偿电势/mV							
	测量温度/℃							
E 型热电偶的测量值	热电势/mV							
	冷端补偿电势/mV							
	测量温度/℃							

给定温度/℃	40	50	60	70	80	90	100
铂热电阻输出电压/mV							
PN 结温敏二极管输出电压/mV							
半导体热敏电阻输出电压/mV							
集成温度传感器输出电压/mV							

7. 注意事项

① 因温度稳定过程较长,请将所有温度传感器连接完毕并检查无误后,再开始升温测量。

② 设定温度时,请设定比预设温度低的温度,以防止其加热过冲。

8. 实验报告要求

① 分析各种温度传感器的温度测量原理。

② 分析测量数据,画出温度电压曲线。

③ 通过实验及查找相关资料定性分析各种温度传感器的测温范围、精度、线性、重复性及灵敏度。

9. 课后思考题

请设计一个测温系统的原理构成框图。

2.6 电感式传感器实验

1. 实验目的

① 了解电感式传感器的基本组成及工作原理。

② 了解差动变压器的基本结构及原理,通过实验验证差动变压器的基本特性。

③ 了解移相器的工作原理。

④ 了解相敏检波器的工作原理。

2. 实验内容

① 按照实验原理及实验步骤的指导,完成电感传感器的实验连接线,掌握电感传感器次级同名端的意义。

② 按照实验指导书连接电感传感器位移测量系统。

③ 对电感传感器测量系统进行静态测量,根据测量数据计算电感传感器的静态特性。

3. 实验设备

① 电感式传感器实验模块。该模块包含电感式传感器、电桥以及差分放大器,

其实物照片如图 2.21 所示。

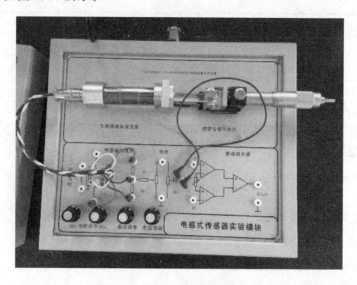

图 2.21　电感式传感器实验模块

② 实验模块公共电路。该模块是综合实验平台的调理电路的集合,包括电桥、差分放大器、电荷放大器、移相器、相敏检波器和低通滤波器,其实物照片如图 2.22 所示。

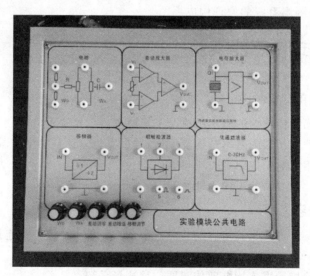

图 2.22　实验模块公共电路

③ 示波器:DS5062CE。

④ 信号发生器:DG1011 型。

⑤ 直流稳压电源:DH1718G - 4(±12 V)。

⑥ 万用表 VC9806。

⑦ 电源连接电缆 2 根。

⑧ 螺旋测微仪。

4. 预习要求

了解差动变压器式电感传感器,了解电感线圈同名端的意义及次级线圈的连接。

5. 实验原理

（1）实验电路连接图

实验时,通过信号源输出的正弦信号施加到电感传感器的初级线圈,电感传感器的次级线圈依次与差分放大器、相敏检波器、移相器、低通滤波器相连,最终采用电压表来测量输出的信号。该实验的电路连接图如图 2.23 所示。

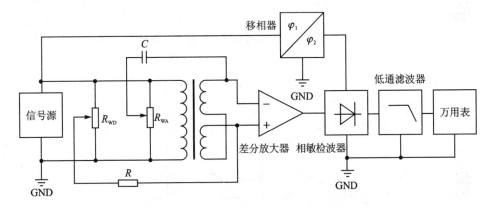

图 2.23　电感式传感器实验连接图

（2）电感式传感器的结构及原理

电感式传感器是一种将位置量的变化转为电感量变化的传感器。电感元件的基本特性方程为

$$L = \frac{W^2 \mu_0 S}{2\delta} \tag{2.27}$$

式中:L 为电感量;W 为电感线圈的匝数;μ_0 为空气的磁导率;S 为气隙的截面积;δ 为气隙长度。

实验中所用的电感式传感器就是一个差动变压器,由衔铁、初级线圈和次级线圈组成,初级线圈相当于变压器的原边;次级线圈由两个结构尺寸和参数相同的线圈反相串接而成,相当于变压器的副边。差动变压器是开磁路,工作是建立在互感基础上的,其原理及输出特性如图 2.24 和图 2.25 所示。

差动变压器的输出为调幅信号,反映了位移的大小和方向,只有经过相应调理电路才能提取出这两个信息。如图 2.26 所示,其中,图(a)为调制信号(位移),图(b)为载波信号(即初级线圈所施加的激励信号),图(c)为调幅信号。

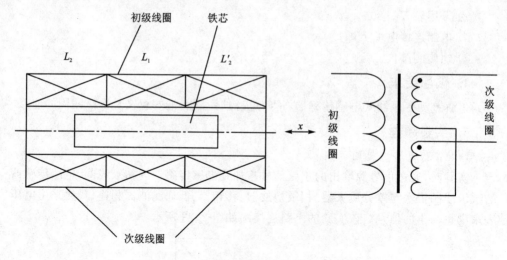

图 2.24 电感式传感器结构及原理示意图

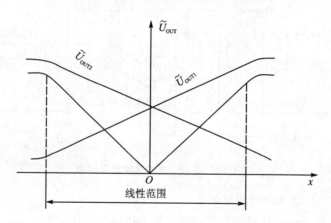

图 2.25 电感式传感器的位移-输出特性图

（3）电感式传感器的残差电压及补偿

当传感器中的衔铁在中间位置时,次级输出不为 0,此时即存在零点残余电压。零点残余电压的影响:造成差动变压器零点附近的不灵敏区;此电压经过放大器会使放大器末级趋向饱和,影响电路正常工作。零点残余电压的补偿:第一种方法是从设计和工艺制作上尽量保证线路和磁路的对称;第二种方法是采用相敏检波电路,选用补偿电路。

（4）电桥及差动放大电路原理

电桥及差放电路如图 2.27 所示,其功能是对传感器输出信号进行放大,并进行零点残余电压补偿。

（5）移相器电路原理

移相器的电路原理示意图如图 2.28 所示。

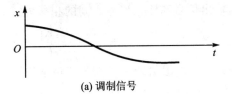

(a) 调制信号

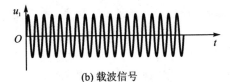

(b) 载波信号

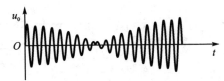

(c) 调幅信号

图 2.26　电感式传感器的调幅输出信号

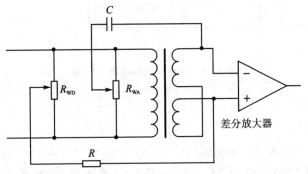

图 2.27　电桥及差放电路

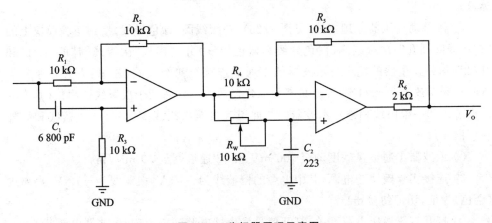

图 2.28　移相器原理示意图

经过推导可以得出输出信号和输入信号之间的相移为

$$\psi = 2\arctan\left(\frac{1 - \omega^2 R_2 C_1 C_2 R_W}{\omega C_2 R_W + \omega R_2 C_1}\right) \tag{2.28}$$

因此通过调节电位计 R_W 的阻值即可达到改变相移的目的。

（6）相敏检波器的电路原理

相敏检波器电路原理图如图 2.29 所示，图中①为输入信号端，②为交流参考电压输入端，③为检波信号输出端，④为直流参考电压输入端。

当②、④端输入控制电压信号时，通过差动电路的作用使 D 和 J 处于开或关的状态，从而把①端输入的正弦信号转换成全波整流信号。

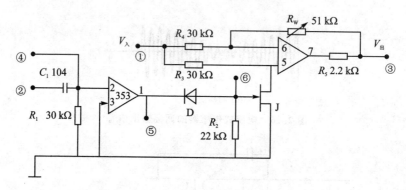

图 2.29　相敏检波器电路原理图

6. 实验步骤

实验步骤如下：

（1）电感传感器的连接与测试

首先调整螺旋测微仪至 12.5 mm，松开电感铁芯（旋松固定有机玻璃棒的螺钉）。

① 按差动变压器原理接线（见图 2.25），初级线圈（绿色导线）接到实验模块上的"初级线圈插孔"；次级线圈（白色导线和蓝色导线）分别连接"次级线圈"的"L01"和"L02"；信号发生器的输出与示波器的 1 通道连接至初级线圈（**注意**：先将信号发生器的地和示波器的地相连，再连接至初级线圈的另一端）；两个次级线圈串接（其中的一根蓝线和一根白线相连），示波器的 2 通道连接至次级线圈（另外一根蓝线和另外一根白线）。

② 示波器 1 通道灵敏度调至 500 mV/格，2 通道调至 10 mV/格。

③ 连接实验模块与电源，其中电缆的橙蓝线为 +12 V，白蓝线为 −12 V，隔离皮（金色）为地，切记勿接错！

④ 打开直流稳压电源开关，打开信号发生器电源开关，打开示波器电源开关。

⑤ 调节示波器可显示两路波形。按下信号发生器的"sine"按钮，选择正弦信号，

设置信号发生器输出信号 V_{P-P} 值为 2 V;调整信号发生器的信号频率,观察示波器 2 通道使波形不失真,信号频率约 10 kHz。

⑥ 前后移动有机玻璃棒,改变变压器磁芯在线圈中的位置,观察示波器第 2 通道所示波形能否过零翻转,如不翻转则改变次级两个线圈的串接端序,使其为反向串接。重复这一步骤,直到观察到波形翻转。

⑦ 前后移动有机玻璃棒,即移动铁芯的位置,同时调整示波器通道 2 的纵轴每格的幅值在最小挡位,使示波器波形幅值最小,然后旋紧螺钉,固定铁芯。

⑧ 思考示波器显示波形与调幅波的关系。

(2) 电桥和差动放大器的连接与测试

连接电感式传感器实验模块和实验模块公共电路的地。

① 电感式传感器实验模块上电桥中的电容 C 的右端连接至差动变压器二次线圈的另一个白色导线端,同时连接至实验模块公共电路的差动放大器的 V_1 一端;电桥中的电阻 R 的左端连接至差动变压器二次线圈的另一个蓝色导线端,同时连接至实验模块公共电路的差动放大器的 V_1 十端;初级线圈的两端分别连接至电桥的可调电阻两端。

② 示波器 2 通道连接至差动放大器输出端 V_{OUT}。

③ 观察示波器的波形,调节螺旋测微仪,使衔铁在中间位置,即差动放大器输出电压最小(示波器 2 通道的波形电压最小);调节电感式实验模块的 R_{WD} 和 R_{WA},使示波器 2 通道的波形电压最小。

④ 调节实验模块公共电路的"差动调零",使通道 2 波形电压为 0 V(此旋钮为零点残余电压的补偿)。

⑤ 调节实验模块公共电路的"差动增益",使放大器处于合适的增益。

⑥ 旋动螺旋测微仪,观察示波器波形的变化,并记录。

(3) 移相器、相敏检波器、低通滤波器的连接与测试

① 连接差动变压器信号源端至实验模块公共电路移相器的"IN"端,移相器的"V_{OUT}"端连至相敏检波器的"②"。

② 差动放大器的"V_{OUT}"连至相敏检波器的"①";相敏检波器的"③"连至低通滤波器的"IN";低通滤波器的"V_{OUT}"接万用表,万用表置 20 V 直流电压挡。

③ 示波器 2 通道接至移相器的"V_{OUT}"端,旋转"移相调节"旋钮,观察示波器两通道波形相位的变化,同时观察万用表示数的变化,观察万用表正最大值和负最大值时两波形的相位差。

(4) 差动变压器的标定

① 调节螺旋测微仪的位置,当其刻度为 12.5 mm 时,使传感器衔铁位于传感器的中部,此时再通过电路进行调零;螺旋测微仪刻度每增加或减少 2 mm,记录一次万用表的电压。

② 在表 2.4 中记录数据。测量时,注意初次级线圈波形相位的变化。

③ 根据表格所列结果,作出电压-位移曲线,指出线性工作范围,并进行静态指标的计算。

表 2.4　电感式传感器实验数据记录表

| 位移/mm | 电感式传感器的输出电压/V | | | 位移/mm | 电感式传感器的输出电压/V | | |
	第一循环	第二循环	第三循环		第一循环	第二循环	第三循环
正行程 0.5				反行程 24.5			
2.5				22.5			
4.5				20.5			
6.5				18.5			
8.5				16.5			
10.5				14.5			
12.5				12.5			
14.5				10.5			
16.5				8.5			
18.5				6.5			
20.5				4.5			
22.5				2.5			
24.5				0.5			

7. 注意事项

① 注意电源的连接一定要正确,在将电源连接进设备之前,检查电压是否正确。

② 注意信号源和示波器的连接,地线连接在一起,芯线连接在一起。

8. 实验报告要求

① 说明差动变压器位移测量的原理,分析差动变压器输出信号的特点。

② 分析差分放大器功能。

③ 分析移相器功能及相位差同差动变压器输出电压的关系。

④ 分析相敏检波器工作原理及功能。

⑤ 分析测量数据,作出电压-位移曲线,拟合出电压-位移表达式。

⑥ 计算出静态指标参数,绘制出滞回曲线。

9. 课后思考题

① 移相器及相敏检波电路的功能。

② 差动变压器式电感传感器的工作原理。

2.7 应变传感器实验

1. 实验目的

① 了解箔式应变片的结构及粘贴方式。

② 掌握使用电桥电路对应变片进行信号调理的原理和方法。

③ 掌握使用应变片设计电子秤的原理。

④ 掌握应变片的温补原理和方法。

2. 实验内容

① 设计调理电路,连接基于应变片的质量测量系统。

② 对测量系统进行静态标定。

③ 测量应变片的温度特性,并进行温度补偿。

3. 实验设备

主机提供可调直流稳压电源(±4 V、±12 V)、应变式传感器实验模块、双孔悬臂梁称重传感器、称重砝码(20 克/个)、数字万用表(可测温)。该实验模块如图 2.30 所示。

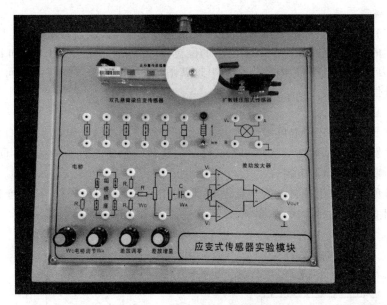

图 2.30 应变式传感器实验模块

4. 预习要求

① 应变传感器的工作原理。

② 应变传感器的调理电路。

③ 应变传感器的温度效应特点及温度补偿方法。

5. 实验原理

（1）应变片测量原理

应变片是最常用的测力传感元件。当使用应变测试时，应变片要牢固地粘贴在测试体表面，测件受力发生形变，应变片的敏感栅随之变形，其电阻值也随之发生相应的变化。通过测量电路，即可将电阻的变化转换成电信号输出。

（2）应变电桥原理

电桥电路是最常用的非电量电测电路中的一种，当电桥平衡时，桥路对臂电阻乘积相等，电桥输出为零，在桥臂的 4 个电阻 R_1、R_2、R_3、R_4 中，电阻的相对变化率分别为 $\Delta R_1 / R_1$、$\Delta R_2 / R_2$、$\Delta R_3 / R_3$、$\Delta R_4 / R_4$，当使用一个应变片时，存在如下关系：

$$\sum R = \frac{\Delta R}{R} \tag{2.29}$$

当 2 个应变片组成差动状态工作时，存在如下关系：

$$\sum R = \frac{2\Delta R}{R} \tag{2.30}$$

当使用 4 个应变片组成 2 个差动对工作，且 $R_1 = R_2 = R_3 = R_4 = R$ 时，则有

$$\sum R = \frac{4\Delta R}{R} \tag{2.31}$$

（3）称重原理

本实验选用的是标准商用双孔悬臂梁式称重传感器，灵敏度高，性能稳定，4 个特性相同的应变片贴在如图 2.31 所示的位置，弹性体的结构决定了 R_1 和 R_3、R_2 和 R_4 的受力方向分别相同，因此将它们串接就形成差动电桥。（弹性体中间上下两片为温度补偿片）

（4）温补原理

当应变片所处环境温度发生变化时，由于其敏感栅本身的温度系数，自身的标称电阻值会发生变化，而贴应变片的测试件与应变片敏感栅的热膨胀系数不同，也会引起附加形变，产生附加电阻。

为避免温度变化时引入的测量误差，在实用的测试电路中要进行温度补偿。本实验采用的是电桥补偿法，如图 2.32 所示。

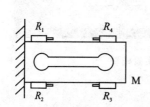

图 2.31　双孔悬臂梁称重传感器

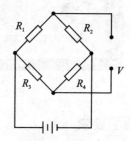

图 2.32　电桥补偿法电路

6. 实验步骤

① 观察称重传感器弹性体结构及传感器粘贴位置,将三芯电缆供电线一端与应变式传感器实验模块相连,另一端与主机实验电源相连。

② 将差动放大器增益置于最大位置(顺时针方向旋到底),差动放大器的"+""−"输入端接地。输出端接电压表 200 mV 挡。开启主机电源,用调零电位器调整差动放大器使其输出电压为零,然后拔掉实验线,调零后模块上的"增益""调零"电位器均不应再变动。

③ 按图 2.33 所示将所需实验部件连接成测试桥路(全桥接法),图中 R_1、R_2、R_3 和 R 均为应变计(可任选双孔悬臂梁上的一个应变片),图中每两个节之间可理解为一根实验连接线,注意连接方式,勿使直流激励电源短路。(±4 V 采用主机电源上的 $+V_O$ 和 $-V_O$)

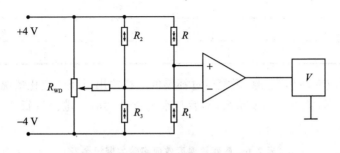

图 2.33 测试电桥连接电路

④ 开启直流稳压电源,调节电桥 R_{WD} 调零电位器,使无负载时的称重传感器输出为零。

⑤ 逐一将砝码放至传感器称重平台(共 9 个砝码),调节增益电位器,使 V_{OUT} 端输出电压与所称质量成一比例关系,记录 $W(g)$ 与 $V(mV)$ 的对应值,并将数据填入表 2.5 中(按静态标定步骤进行正反三次循环)。

⑥ 作出 V-W 曲线。

⑦ 用可测温度的万用表测出环境温度值大小,并记录。

⑧ 将图 2.33 中的 R_1、R_2 和 R_3 均换成普通电阻,称重平台放上某一质量的砝码,测量 V_{OUT} 并记录。开启"应变加热"电源,观察电桥输出电压随温度升高而发生的变化,待加热温度达到一个相对稳定值后(加热器加热温度约高于环境温度 30 ℃),记录 V_{OUT} 端输出电压值,用可测温度的万用表测出孔悬臂梁上的温度,并求出大致的温漂 $\Delta V/\Delta T$,然后关闭加热电源,待其冷却。将该过程的数据记录在表 2.6 中。

⑨ 将图 2.33 中的电阻 R_2 换成一片与应变片在同一应变梁上的补偿应变片,重新调整系统输出为零。

表 2.5　称重实验数据记录表

砝码质量/g		应变式传感器的输出电压/mV			砝码质量/g		应变式传感器的输出电压/mV		
		第一循环	第二循环	第三循环			第一循环	第二循环	第三循环
正行程	0				反行程	180			
	20					160			
	40					140			
	60					120			
	80					100			
	100					80			
	120					60			
	140					40			
	160					20			
	180					0			

⑩ 开启"应变加热"电源,观察经过补偿的电桥输出电压的变化情况,按照表 2.6 的形式记录数据,并求出温度系数,然后与未进行补偿时的电路进行比较,用文字说明比较的结果。

表 2.6　应变片温度效应实验数据记录表

状　态		项　目	加热前	温度稳定后	温度系数
未接温度补偿片	温度/℃				
	电压/mV				
加入温度补偿片	温度/℃				
	电压/mV				

7. 注意事项

① 实验前应检查实验连接线是否完好,学会正确插拔连接线,这是顺利完成实验的基本保证。

② 称重传感器的激励电压请勿随意提高(即保证在 ±4 V)。

③ 注意保护传感器的引线及应变片使之不受损伤。

④ 在箔式应变片接口中,从左至右 6 片箔式片分别是:第 1、3 工作片与第 2、4 工作片受力方向相反,第 5、6 片为上、下梁的温度补偿片,请注意应变片接口上所示符号表示的相对位置。

⑤ "应变加热"源温度是不可控制的,只能达到相对的热平衡。

8. 实验报告要求

① 用自己的语言叙述应变片测量原理、应变电桥原理、称重原理及应变片温度补偿原理。

② 列出实验过程中的数据,作出要求的曲线。

③ 对各种实验现象进行分析总结。

④ 计算传感器静态指标,绘制出滞回曲线。

9. 课后思考题

实验中,使用单臂应变片的电桥电路进行温度效应的实验,如采用双臂或四臂应变片的电桥是否可以测到温度效应?

2.8 超声传感器实验

1. 实验目的

① 了解超声波的特性及其速度。

② 了解测距的原理。

③ 了解超声波探头距离变化时,测量波形的变化。

2. 实验内容

① 用示波器观察超声波发射信号和接收信号的关系。

② 测量位移变化时,发射信号和接收信号间的时间变化,并记录。

③ 根据实验记录的数据,计算距离。

3. 实验设备

超声波传感器测距实验模块、超声探头、示波器(DS5062CE)、直流稳压电源(DH1718G-4、±12 V)、万用表(VC9804A,附表笔及测温探头)。

其中超声波传感器测距实验模块及探头的实物图如图 2.34 所示,探头分为发射端和接收端两个。

实验中需要使用示波器的单次触发功能,其操作步骤如下:

① 按一下示波器右侧"TRIGGER"框中的"MENU"按钮,显示屏显示"TRIGGER"菜单。

② 按动显示屏右边对应菜单中的"触发方式",选择"单次"。

③ 按动显示屏右边对应菜单中的"边沿类型",选择"双沿"。

④ 按动显示屏右边对应菜单中的"信源选择",选择"CH2"。

示波器采集到信号后需要测量出时间信息,测量时的设置步骤如下:

① 在示波器操作面板的左上角"MENU"框中,按一下"CURSOR"按钮,显示屏显示"CURSOR"菜单。

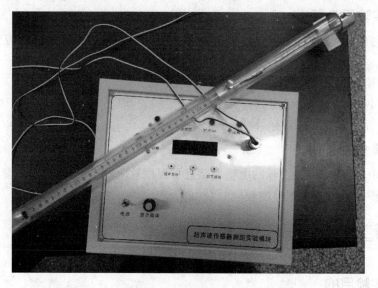

图 2.34 超声波传感器测距实验模块及探头

② "光标模式"选择"手动","光标类型"选择"时间"。

③ 示波器操作面板上的垂直和水平"POSITION"旋钮可以分别移动标尺的位置。

4. 预习要求

熟悉示波器的单次触发及测量时间信息的操作。

5. 实验原理

(1) 超声波特性

超声波是一种频率高于 20 kHz,在弹性介质中传播的机械振荡。其波长短、频率高,故有其独特的性质:

① 绕射现象小,方向性好,能定向传播。

② 能量较高,穿透力强,在传播过程中衰减很小。在水中可以比在空气或固体中以更高的频率传得更远,而且在液体里的衰减和吸收比较低。

③ 能在异质界面产生反射、折射和波形转换。

超声波的波速计算公式如下:

$$v = \sqrt{\gamma RT / M} \tag{2.32}$$

式中:γ 为气体比定压热容与比定容热容的比值,对空气为 1.40;R 为气体普适常量,8.314 kg · mol^{-1} · K^{-1};M 为气体相对分子质量,空气为 28.8×10^{-3} kg · mol^{-1};T 为热力学温度,$T/\text{K} = 273 + t/℃$。

其近似公式为

$$v = v_0 + 0.607t \tag{2.33}$$

式中:v_0 为 0 ℃时的声波速度,该值为 332 m/s;t 为当前实际温度(℃)。

(2) 超声波测距原理

根据超声波在空气中的传播速度,通过相关电路得到发射波与接收波之间的时间,即可得到发射与接收之间的距离,测量原理框图如图 2.35 所示。

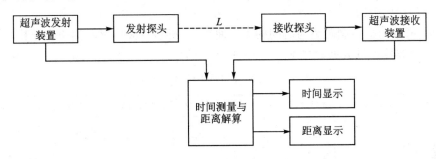

图 2.35　超声波测距原理框图

图 2.35 中的距离为

$$L = v \times t \tag{2.34}$$

式中:t 为测量所得的时间。

6. 实验步骤

① 将发射探头与接收探头装于滑轨中,使两探头垂直于滑轨平行相对,连接探头电缆至超声波传感器测距实验模块的"超声探头"接口。

② 用连接电缆连接电源与超声波传感器测距实验模块(接口位于前侧面),其中电缆的橙蓝线为+12 V,白蓝线为−12 V,隔离皮(金色)为地,切记勿接错。

③ 将示波器通道 1 连接超声波传感器测距实验模块的"超声发射",示波器通道 2 连接超声波传感器测距实验模块的"超声接收";将示波器调至单次触发状态,并调出时间测量标尺,使示波器显示两标尺之间的时间差 t。

④ 将温度探头连接在万用表的"TEMP"插座,万用表置于"℃"挡;万用表可测量温度。

⑤ 打开直流稳压电源的开关,打开超声波传感器测距实验模块的"电源"开关,电源指示灯亮,数码管显示数据。

⑥ 按动超声波传感器测距实验模块的"时间/距离显示切换"按钮,数码管显示的数据在距离和时间之间切换,对应的"时间""距离"指示灯亮。

⑦ 打开示波器电源开关,按动示波器操作面板右上角"RUN CONTROL"框中的"RUN/STOP"按钮,示波器状态可在"WAIT"和"STOP"之间转换。

⑧ 使两探头相互靠近(如两表面不平行可稍微扳动超声探头角度使两平面吻合),此时数码管显示输出并不为零。

⑨ 记录此时超声波传感器测距实验模块上数码管显示的时间和距离,并按动示波器的"RUN/STOP"按钮,示波器捕获到超声波信号,用示波器的标尺测量超声反

射波形(1通道)的第一个下降沿与超声接收波形(2通道)的上升沿之间的时间,记录这个时间值;同时用万用表记录当时的温度值。

⑩ 移动接收器,使接收器离开探头,每隔 50 mm 重复步骤⑨。

⑪ 记录数据并填入表 2.7 中;表中"计算距离"为根据示波器得到的时间值及环境温度测量的数值。

⑫ 根据数据绘制距离与时间的关系曲线,分析超声波传感器测距实验模块测量数据与示波器测量数据的差别,并分析其产生的原因。

表 2.7　超声波测距实验数据记录表

两个探头之间的距离/mm	数码管显示距离	数码管显示时间	示波器测量时间	测量时温度	计算距离
0					
100					
150					
200					
250					
300					
350					
400					
450					
500					
550					
600					

7. 注意事项

连接电源时,注意接线的极性及不要短路。

8. 实验报告要求

① 分析超声波测距的原理。

② 分析测量数据,分析提高测量精度的方法。

③ 搜集超声波在实际工程中的应用,分析某一应用的原理。

9. 课后思考题

分析实验中为什么当两个探头的距离变大时实验模块的测量数据会变为 0。

2.9　电容式传感器实验

1. 实验目的

① 了解电容式传感器的原理。

② 了解电容测量位移的原理。

2. 实验内容

对电容传感器位移测量系统进行静态标定。

3. 实验设备

电容传感器实验模块、示波器(DS5062CE)、直流稳压电源(DH1718G－4、±12 V)、万用表(VC9804A)、螺旋测微仪。

其中电容传感器实验模块的实物如图 2.36 所示,模块上半部为电容传感器及其位移实现结构,下半部为调理电路。

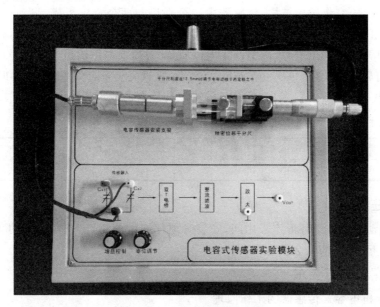

图 2.36 电容传感器实验模块

4. 预习要求

熟悉电容传感器的组成及测量原理。

5. 实验原理

实验中所用的电容传感器为同轴式,由两个定极和一个动极组成,当动极与定极之间的相对面积变化时电容的大小也会发生变化。两组电容 C_{X1} 与 C_{X2} 作为双 T 电桥的两臂,当电容量发生变化时,桥路输出电压发生变化,其电路原理图如图 2.37 所示。

6. 实验步骤

① 用电源电缆连接电源和电容传感器实验模块(插孔在后侧板),其中电缆的橙蓝线为＋12 V,白蓝线为－12 V,隔离皮(金色)为地,切记勿接错。

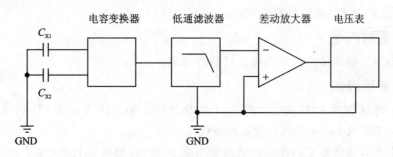

图 2.37　电容式传感器电路原理

② 观察电容传感器结构:传感器由一个动极与两个定极组成,将动极调整到两个定极的正中间(此时螺旋测微仪的示数为 12.5 mm),接好实验线路,增益适当。

③ 打开直流稳压电源,调整调零电位器,此时模块电路输出为零。

④ 前后位移动极,每次 0.5 mm,直至动、静极完全重合为止,记录数据至表 2.8 中,作出电压-位移曲线,求出灵敏度,分析该传感器的线性工作区域。

表 2.8　电容式传感器实验数据记录表

距离/mm	4.5	6.5	8.5	10.5	12.5	14.5	16.5	18.5	20.5
电压/mV									

7. 注意事项

电容动极须位于环形定极中间,安装时须仔细做调整,实验时电容的动、静极不能碰到一起,否则信号会发生突变。

8. 实验报告要求

① 分析电容式传感器的工作原理。

② 分析测量数据,作出电压-位移曲线,拟合出电压-位移表达式。

9. 课后思考题

为什么在实验中电路调零前要求将动极先放置在两个定极之间?

2.10　电涡流传感器实验

1. 实验目的

① 了解电涡流传感器的原理。

② 了解不同材料对电涡流传感器特性的影响。

2. 实验内容

① 采用铁片、铝片和铜片作为涡流片,测量电涡流传感器测量系统的 $V - X$ 曲线。

② 分别分析不同材料涡流片的线性工作范围、灵敏度、最佳工作点,并进行比较,得出比较的定性结论。

3. 实验设备

电涡流传感器实验模块、示波器(DS5062CE)、直流稳压电源(DH1718G - 4、±12 V)、万用表(VC9804A)、螺旋测微仪。

其中电涡流传感器实验模块的实物如图 2.38 所示,模块上半部为电容传感器及其位移实现结构,下半部为调理电路。

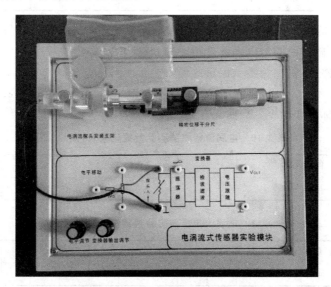

图 2.38 电涡流传感器实验模块

4. 预习要求

了解电涡流的工作原理。

5. 实验原理

电涡流传感器由平面线圈和金属涡流片组成,当线圈中通以高频交变电流后,在与其平行的金属片上会感应产生电涡流,电涡流的大小影响线圈的阻抗 Z,而涡流的大小与金属涡流片的电阻率、磁导率、厚度、温度以及线圈的距离 X 有关,当平面线圈、被测体(涡流片)、激励源确定,并保持环境温度不变时,阻抗 Z 只与距离 X 有关,将阻抗变化转为电压信号 V 输出,则输出电压是距离 X 的单值函数。

6. 实验步骤

① 用电源电缆连接电源和电涡流式传感器实验模块(插孔在后侧板),其中电缆的橙蓝线为 +12 V,白蓝线为 -12 V,隔离皮(金色)为地,切记勿接错。

② 安装电涡流线圈与涡流片(铁片,黑色),两者须保持平行;电涡流探头插头插入变换器插孔;安装好测微仪,涡流变换器输出端 V_{OUT} 接电压表 20 V 挡。

③ 打开直流稳压电源,用测微仪带动涡流片移动,当涡流片完全紧贴线圈时输出电压为零(如不为零可适当改变支架中的线圈角度),然后旋动测微仪使涡流片离开线圈,从电压表有读数时每隔 $0.2\ mm$ 记录一个电压值,将电压 V、位移 X 数值填入表 2.9 中,作出 V-X 曲线,指出线性范围,求出灵敏度。

表 2.9　电涡流传感器实验数据记录表(铁片)

距离/mm									
电压/mV									

④ 将示波器接电涡流式传感器实验模块的探头输入插孔,观察电涡流传感器的激励信号频率,随着线圈与电涡流片距离的变化,信号幅度也发生变化,当涡流片紧贴线圈时电路停振,输出为零。记录此现象。

⑤ 更换涡流片(铜片,金色),进行测试与标定,记录数据,填入表 2.10 和表 2.11中。在同一坐标中作出 V-X 曲线。

表 2.10　电涡流传感器实验数据记录表(铜片)

距离/mm									
电压/mV									

表 2.11　电涡流传感器实验数据记录表(铝片)

距离/mm									
电压/mV									

7. 注意事项

电涡流模块输入端接入示波器时由于一些示波器的输入阻抗不高(包括探头阻抗)以至会影响线圈的阻抗,使输出 V_0 变小,并造成初始位置附近存在一段死区,示波器探头不接输入端即可解决这个问题。

换上铜、铝和其他金属涡流片,线圈紧贴涡流片时输出电压并不为零,这是因为电涡流线圈的尺寸是为配合铁涡流片而设计的,换了不同材料的涡流片,线圈尺寸须改变,输出才能为零。

8. 实验报告要求

① 分析电涡流传感器的工作原理。

② 分析测量数据,作出电压-位移曲线,拟合出电压-位移表达式。

③ 分别找出不同材料被测体的线性工作范围、灵敏度、最佳工作点(双向或单向)并进行比较,做出定性的结论。

9. 课后思考题

电涡流传感器除了上述实验中用于测量位移外,还可以用来测量哪些物理量?

2.11   光纤光电传感器实验

1. 实验目的

① 了解光纤传感器原理及位移测量的原理。

② 了解光敏电阻和光电开关的工作原理及应用。

2. 实验内容

① 光敏电阻作为开关的工作过程。

② 利用光电开关进行电机转速的测量。

③ 测量光纤传感器的位移测量系统,得到 $V - X$ 曲线。

3. 实验设备

光纤光电传感器实验模块、示波器(DS5062CE)、直流稳压电源(DH1718G - 4、±12 V)、万用表(VC9804A)、螺旋测微仪。

其中光纤光电传感器实验模块的实物如图 2.39 所示,模块上半部包括光纤传感器及其位移实现结构、光电开关及带叶片的直流电机、光敏电阻传感器;下半部为传感器的调理电路。

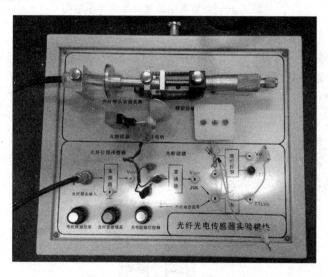

图 2.39   光纤光电传感器实验模块

4. 预习要求

① 了解光敏电阻的工作原理。

② 了解光纤传感器的工作原理。

③ 了解光电开关的工作原理。

5. 实验原理

(1) 光敏电阻

由半导体材料制成的光敏电阻,工作原理基于光电效应,当掺杂的半导体薄膜表面受到光照时,其电导率就发生变化。不同材料制成的光敏电阻有不同的光谱特性和时间常数。由于存在非线性,因此光敏电阻一般用在控制电路中,而不适于测量元件。图 2.40 所示为光敏电阻及其电路连接示意图。

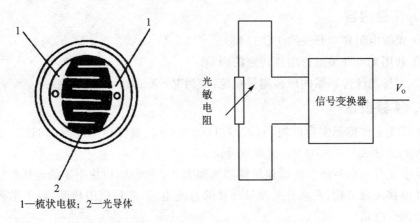

1—梳状电极;2—光导体

图 2.40 光敏电阻及其电路连接示意图

(2) 红外发光管与光敏三极管

光敏三极管与半导体三极管结构类似,但通常引出线只有 2 个,当具有光敏特性的 PN 结受到光照时,形成光电流,不同材料制成的光敏三极管具有不同的光谱特性,光敏三极管相对于光敏二极管而言,能将光电流放大$(1+h_{FE})$倍,其中 h_{FE} 为共射极直流放大倍数,因此具有很高的灵敏度。

与光敏管相似,不同材料制成的发光二极管也具有不同的光谱特性,由光谱特性相同的发光二极管与光敏三极管组成对管,安装成如图 2.41 所示的形式,就形成了光电开关(光耦合器或光断续器)。

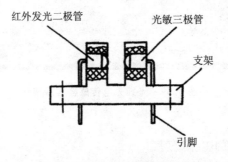

图 2.41 光敏电阻及其电路连接示意图

（3）光纤传感器

反射式光纤传感器的工作原理如图 2.42 所示,光纤采用 Y 形结构,两束多模光纤合并于一端组成光纤探头,一束作为接收,另一束作为光源发射,近红外二极管发出的近红外光经光源光纤照射至被测物,由被测物反射的光信号经接收光纤传输至光电转换器件转换为电信号,反射光的强弱与反射物至光纤探头的距离成一定的比例关系,通过对光强的检测就可得知位置量的变化。

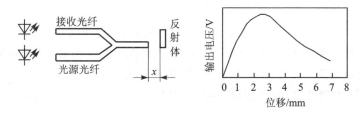

图 2.42 反射式光纤位移传感器原理图及输出特性曲线

6. 实验步骤

光敏电阻实验的步骤如下:

① 观察光敏电阻,分别将光敏电阻置于光亮和黑暗之处,测量其亮电阻和暗电阻,暗电阻和亮电阻之差为光电阻值。记录亮电阻和暗电阻。在给定工作电压下,通过亮电阻和暗电阻的电流为亮电流和暗电流,其差为光敏电阻的光电流。光电流越大,灵敏度越高。

② 在光纤光电传感器实验模块上,将光敏电阻接入暗灯控制电路的输入端插座。

③ 连接直流稳压电源和光纤光电传感器电源接口,其中电缆的橙蓝线为 +12 V,白蓝线为 −12 V,隔离皮(金色)为地,切记勿接错!

④ 暗灯控制电路输出端 V_{OUT} 接万用表和示波器;万用表置电压挡;打开电源开关和示波器、万用表开关。

⑤ 改变光敏电阻的光照强度,观察示波器、万用表的变化,记录变化现象;调节"光电阻暗灯控制"旋钮,观察不同光照强度下输出电压的变化情况,记录变化现象。

光电开关实验的步骤如下:

① 观察光电开关结构,传感器是一个透过型的光断续器,工作波长为 3 μm 左右,可以用来检测物体的有无、物体运动方向等。

② 连接光断续器与光断续器的插孔(R、G、B 分别连接红线、绿线、黑线),连接电源与光纤光电传感器实验模块的电源接口,示波器接光断续器的变换器输出端 V_{OUT}。

③ 打开电源,用手转动旋转电机叶片,使叶片分别挡住或离开传感光路,观察输出端信号的波形。

④ 调节"电机转速控制"旋钮,调节转速,在示波器上观察 V_{OUT} 端连续方波信号输出,记录方波信号的特性(周期、频率等),计算旋转电机转速(r/min)。转速测量公式为:转速=频率示值÷2。

⑤ 记录几个不同转速的方波图形,求出电机转度,写入实验报告中。

光纤传感器实验的步骤如下:

① 观察光纤结构,本实验仪所配的光纤探头为半圆形结构,由数百根导光纤维组成,一半为光源光纤,一半为接收光纤。

② 电源接入光纤光电传感器实验模块的电源接口;连接光纤探头至光纤位移传感器的"光纤探头接入"插孔;光纤探头装到光纤探头安装支架上,探头垂直对准反射片中央(镀铬圆铁片),螺旋测微仪装到支架上,以带动反射镜片位移。

③ 打开电源开关,光纤位移传感器变换器的 V_{OUT} 端接电压表,适当调节"光纤变换增益"旋钮及光线探头和螺旋测微仪的位置,使输出电压在 ±10 V 以内。

④ 首先旋动测微仪使其刻度为 0,调节探头紧贴反射镜片(如两表面不平行可稍许扳动光纤探头角度使两平面吻合),此时 $V_{OUT} \approx 0$,然后旋动测微仪,使反射镜片离开探头,每隔 0.2 mm 记录一数值,直到无法记录数据为止,将数据填入表 2.12 中。

⑤ 根据表格所列结果,作出电压-位移曲线,指出线性工作范围。

⑥ 数据测量好,则可观察到光纤传感器输出特性曲线的前坡与后坡波形,作出电压-位移曲线,通常测量用的是线性较好的前坡范围。计算静态灵敏度、分辨率、迟滞、重复性、误差等指标。

表 2.12　光纤传感器实验数据记录表

距离/mm								
电压/mV								

7. 注意事项

实验中可以用手遮挡光敏电阻实现光照条件的变化,完全遮住时的电阻阻值为暗电阻,不遮盖时的电阻阻值为亮电阻。

8. 实验报告要求

① 分析三种传感器的工作原理。

② 对于光纤位移传感器,分析测量数据,作出电压-位移曲线,拟合电压-位移表达式,计算静态灵敏度、分辨率、迟滞、重复性、误差等指标。

③ 写出光敏电阻的实验现象并进行分析。

④ 计算光电开关测量的电机转速。

9. 课后思考题

请思考上述实验中的三种传感器都能用在哪些场合?

2.12 霍尔传感器实验

1. 实验目的

① 学习霍尔传感器测量位移的原理。

② 掌握霍尔传感器信号调理电路的设计原理及调试方法。

2. 实验内容

① 连接组成基于霍尔传感器的位移测量系统。

② 对位移测量系统进行测量及静态标定。

3. 实验设备

霍尔传感器实验模块、示波器(DS5062CE)、直流稳压电源(DH1718G－4、±12 V)、主机(提供 2 V 电源)、万用表(VC9804A)、螺旋测微仪、信号源(DG1011)。

其中霍尔传感器实验模块的实物如图 2.43 所示,模块上半部为霍尔传感器及其位移实现结构,下半部为传感器的调理电路。

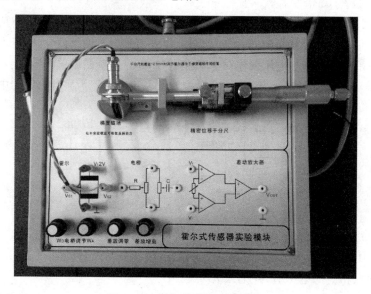

图 2.43 霍尔传感器实验模块

4. 预习要求

学习霍尔传感器的工作原理。

5. 实验原理

霍尔元件是根据霍尔效应原理制成的磁电转换元件,当霍尔元件位于由两个环形磁钢组成的梯度磁场中时就成了霍尔位移传感器。

霍尔元件通以恒定电流时,就有霍尔电势输出,霍尔电势的大小正比于磁场强度(磁场位置),当所处的磁场方向改变时,霍尔电势的方向也随之改变。

6. 实验步骤

① 观察霍尔传感器实验模块上的梯度磁场、霍尔传感器及其安装方式和接线方式。

② 将三芯电缆供电线一端与霍尔传感器实验模块电源相连,另一端与直流稳压电源(± 12 V)相连。

③ 将差动放大器增益置于最大位置(顺时针方向旋到底),差动放大器的"+""-"输入端接地,输出端接电压表 200 mV 挡。开启直流稳压电源,用调零电位器调整差动放大器使其输出电压为零,然后拔掉实验线,调零后模块上的"差放调零"电位器不能再变动。

④ 将 DG1011 信号源设置为直流输出,输出电压为 100 mV,信号源输出红线端接差动放大器的"+"输入端,黑线端接差动放大器的"-"输入端,用万用表监测差动放大器的输出端,调整差放增益电位器,使差放输出值在 1 V 左右,即保证差分放大器的放大倍数在 10 倍左右。

⑤ 根据图 2.44 连接实验电路,开启主机电源,首先用螺旋测微仪调节精密位移装置使霍尔元件置于梯度磁场中间,此时可用电压表监测电桥输出信号(即进入差动放大器"+""-"端的信号),当电压表值在 0 V 左右时,停止螺旋测微仪调节;接着调节 R_{WD} 平衡电位器,使差动放大器输出为零,此时螺旋测微仪的位置为实验位置的中点。

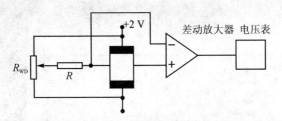

图 2.44 霍尔传感器实验电路连接图

⑥ 从中点开始,调节螺旋测微仪,前后移动霍尔元件各 3.5 mm,每变化 0.5 mm 读取相应的电压值,并记入表 2.13 中。

表 2.13 霍尔传感器实验数据记录表

距离/mm	-3.5	-3.0	-2.5	-2.0	-1.5	-1.0	-0.5	0	0.5	1.0	1.5	2.0	2.5	3.0	3.5
电压/mV															

7. 注意事项

霍尔传感器的供电电压是 2 V,请不要超过该电压值。

8. 实验报告要求

① 用自己的语言叙述霍尔传感器测量位移的原理。

② 列出实验过程中的数据，以及对数据的详细处理过程和结果。

③ 对各种实验现象进行分析总结。

9. 课后思考题

请思考霍尔传感器还可以用来测量哪些物理量。

参考文献

[1] Dimitris G Manolakis，Vinay K Lngle，Stephen M Kongon. 统计与自适应信号处理[M]. 周正，译. 北京：电子工业出版社，2003.

[2] 周浩敏，王睿. 测试信号处理技术[M]. 北京：北京航空航天大学出版社，2004.

[3] 程卫国，冯峰，王雪梅，等. MATLAB 5.3 精要编程及高级应用[M]. 北京：机械工业出版社，2000.

[4] 钱爱玲，钱显毅. 传感器原理与检测技术[M]. 2版. 北京：机械工业出版社，2015.

[5] 徐科军. 传感器与检测技术[M]. 3版. 北京：电子工业出版社，2011.

[6] 李瑜芳. 传感器原理及其应用[M]. 2版. 成都：电子科技大学出版社，2008.

[7] 樊尚春. 传感器技术及应用[M]. 3版. 北京：北京航空航天大学出版社，2016.

[8] 吕俊芳，钱政，袁梅. 传感器调理电路设计理论及应用[M]. 北京：北京航空航天大学出版社，2010.

[9] 胡建恺，张谦琳. 超声检测原理和方法[M]. 合肥：中国科学技术大学出版社，1993.

[10] 艾春安. 多层结构超声检测理论与技术[M]. 北京：国防工业出版社，2014.

[11] 西拉德. 超声检测新技术[M]. 北京：科学出版社，1991.

[12] 杨清梅，孙建民. 传感器与测试技术[M]. 哈尔滨：哈尔滨工程大学出版社，2004.

[13] 王惠文. 光纤传感技术与应用[M]. 北京：国防工业出版社，2001.

[14] 刘畅生，寇宝明，钟龙. 霍尔传感器实用手册[M]. 北京：中国电力出版社，2009.

第 **3** 章

飞行大气数据系统实验

飞行大气数据系统是重要的机载设备,其工作原理是通过实时测量飞行器在大气层所处位置的大气静压、总压、总温等大气参数信息,从而解算出飞行高度、空速、马赫数等飞行参数;这些飞行参数既可以在座舱显示系统中进行显示,又可以参与飞行器的飞行控制。本章实验是为了让学生们熟悉飞行大气数据系统的组成及飞行大气参数的解算而设计的。

3.1 飞行大气数据实验平台

3.1.1 基于计算机的大气数据实验系统

该实验系统的控制核心是计算机,其组成包括:控制、管理计算机,传感器箱,阀驱动器,真空气容,气路管路系统,真空泵和压力泵(见图3.1~图3.5)。

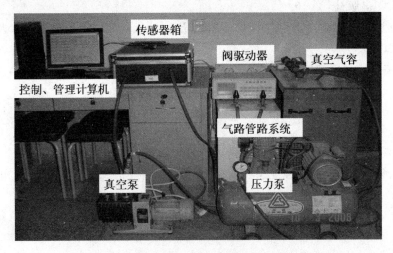

图 3.1　基于计算机的大气数据实验系统

图3.4中由压力源(包括空气压缩机和真空泵)产生正压和负压,通过气路管路系统中的电磁阀将正压和负压传递到压力稳定装置中,便于压力传感器得到稳定的压力信号。由多功能数据采集卡 PCI - 9111 获得到传感器输出的电压信号,在上位

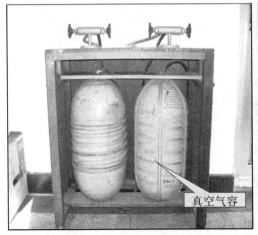

图 3.2 真空气容与气路管路系统

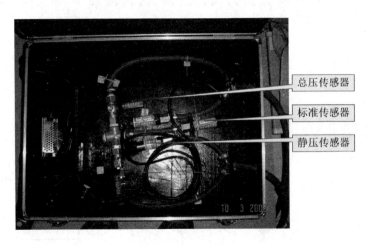

图 3.3 传感器

机中使用 LabVIEW 软件获得压力数据,并通过多功能数据采集卡的数字 I/O 向电磁阀驱动电路输出控制信号,由电磁阀驱动电路将信号进行功率放大,进而通过控制电磁阀的开关来控制整个气路中气体的流向。

每个功能模块的具体功能如下:

真空泵及空气压缩机:提供大气参数测量系统的总压或静压。

电磁阀阵列:能实时精确控制压力的执行机构。

电磁阀驱动:将数据采集卡输出的 TTL 电平的数字信号放大成能够控制电磁阀的信号。

气压稳定装置:在气路加压、减压时起到缓冲作用,保障系统安全。

压力传感器:能实时精确测量气体压力值的测量装置。

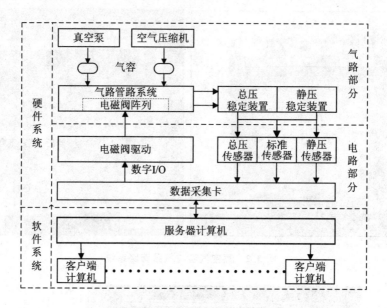

图 3.4　实验系统组成示意图

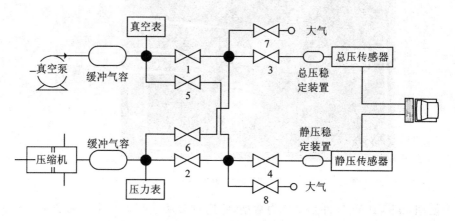

图 3.5　气路结构图

数据采集卡:完成压力信号的采集功能和控制信号输出的功能。

服务器计算机:通过数据采集卡采集到传感器输出的电压值,将得到的电压信号转换成相应的大气压力,并显示出来;通过控制程序中的按钮来控制气压的增大和减小,并将控制信号传递给数据采集卡。

客户端计算机:通过网络获取服务器计算机发送的数据,完成数据记录以及参数解算。

实验系统中的部分组件信息如表 3.1 所列。

表 3.1 实验系统组件信息

设备名称	设备型号	精　度	量　程	数　量
空气压缩机	D-1			1
真空泵	2XZ-2			1
数据采集卡	PCI-9111	12 位 A/D		1
待标定压力传感器		0.25%	0～0.3 MPa	2
标准压力传感器		0.10%	0～0.3 MPa	1

3.1.2 基于嵌入式的大气数据实验系统

上述基于计算机的大气数据实验系统的气压控制是基于非实时的 Windows 系统的,因此无法实现所需压力的精密快速调整,仅能实现开环控制。为了开展飞行参数解算以及压力的实时闭环控制实验,开发了基于嵌入式的大气数据实验系统,该实验平台如图 3.6 所示。

由图 3.6 可以看出,该实验系统包含一套泵源组件、两套测控组件。泵源组件提供正压和负压,测控组件实现压力的实时闭环调控,采用的嵌入式控制器为基于 ARM 的 STM32F4 系列高性能微控制器,传感器为硅谐振式压力传感器。图 3.7 和图 3.8 分别为测控组件模型的轴测图和主视图。

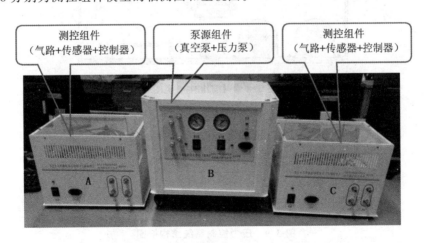

图 3.6 基于嵌入式的大气数据实验系统

为了实现气压的精密控制,在嵌入式控制器上采用了模糊 PID 控制方法,控制系统结构如图 3.9 所示。

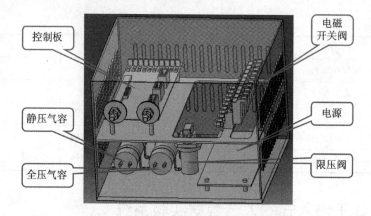

图 3.7　测控组件轴测图

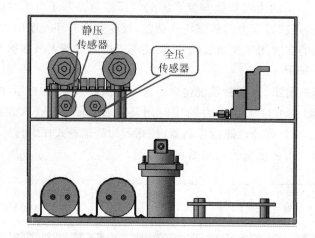

图 3.8　测控组件主视图

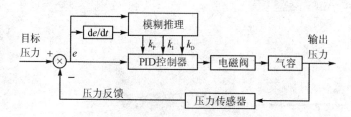

图 3.9　压力控制系统结构框图

3.1.3　大气数据实验系统软件

　　大气数据实验系统软件分为服务器端软件和客户端软件,服务器端软件用于实现大气全压和静压的产生及测量,客户端程序用于学生实验时的数据获取及解算结果验证。采用的开发软件为 LabVIEW,其中服务器端软件界面如图 3.10 所示,客户端软件界面如图 3.11 所示。

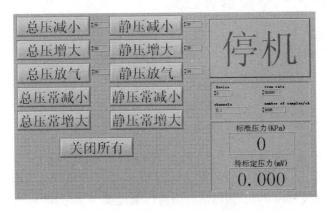

图 3.10　服务器端软件界面

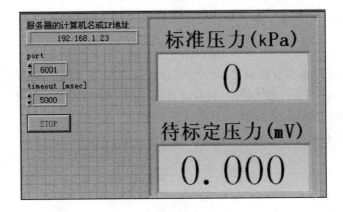

图 3.11　实验客户端软件界面

结合图 3.10,下面以静压为例介绍软件的使用方法。

关于静压调节共有 3 种方式,6 个按钮,其功能如下:

静压减小:控制静压管与抽气机相连,减小静压,开启后于设定的时间关闭。

静压增大:控制静压管与空气压缩机相连,增大静压,开启后于设定的时间关闭。

静压放气:控制静压管与大气相连,使静压管中的气压与大气相同,开启后于设定的时间关闭。

静压常减小:控制静压管与抽气机相连,减小静压,开启后不关闭。

静压常增大:控制静压管与空气压缩机相连,增大静压,开启后不关闭。

关闭所有:关闭所有阀门。

静压减小、静压增大、静压放气按钮的后面分别有一个控件来控制阀门的开启时间,单位为毫秒。

3.1.4 飞行大气参数解算公式

在后面的实验中会进行飞行参数解算,其中用到的相关公式如下。

高度 H 的解算公式:

$$H = \frac{T_b}{\beta}\left[\left(\frac{P_s}{P_b}\right)^{\frac{-\beta R}{g_n}} - 1\right] + H_b, \quad \beta \neq 0 \tag{3.1}$$

$$H = \frac{RT_b}{g_n}\ln\frac{P_b}{P_s} + H_b, \quad \beta = 0 \tag{3.2}$$

式中:P_s 为静压传感器的测量值;P_b 为大气不同层静压值;H_b 和 T_b 为不同层气压高度和大气温度的下限值;β 为温度的垂直变化率;R 为空气专用气体常数(287.052 87J/(kg·K)或 $m^2/(K·s^2)$),g_n 为标准自由落体加速度(9.806 65 m/s^2)。

真空速 V 的解算公式:

$$V = \sqrt{2RT_s\frac{k}{k-1}\left[\left(\frac{P_t}{P_s}\right)^{\frac{k}{k-1}} - 1\right]}, \quad Ma \leqslant 1 \tag{3.3}$$

$$V = Ma\sqrt{kRT_s}, \quad Ma > 1 \tag{3.4}$$

式中:P_t 为全压传感器的测量值;Ma 为马赫数;k 为标准大气的绝热指数(此处为无量纲的常值 1.4),T_s 为大气静温(可以通过 $T_s = T_b + \beta(H - H_b)$ 进行计算)。

马赫数 Ma 的解算公式如下:

当 $Ma \leqslant 1$ 时,

$$\frac{P_t - P_s}{P_s} = \left(1 + \frac{k-1}{2}Ma^2\right)^{\frac{k}{k-1}} - 1 \tag{3.5}$$

当 $Ma > 1$ 时,

$$\frac{P_t - P_s}{P_s} = \frac{k+1}{2}Ma^2\left[\frac{(k+1)^2 Ma^2}{4kMa^2 - 2(k-1)}\right]^{\frac{1}{k-1}} - 1 \tag{3.6}$$

指示空速的解算公式如下:

当 $Ma \leqslant 1$ 时,

$$V_i = \sqrt{\frac{2(P_t - P_s)}{\rho_0(1 + \varepsilon_0)}} \tag{3.7}$$

$$\varepsilon_0 \approx \frac{1}{4}Ma_i^2 = \left(\frac{V_i}{2c_0}\right)^2 \tag{3.8}$$

当 $Ma > 1$ 时,

$$V_i = \sqrt{\frac{2(P_t - P_s)}{\rho_0(1 + \varepsilon_0')}} \tag{3.9}$$

$$\varepsilon_0' = \frac{238.459Ma^5}{(7Ma_i^2 - 1)^{2.5}} - \frac{1.429}{Ma_i^2} - 1 \tag{3.10}$$

式中:ρ_0 和 c_0 分别为标准海平面上的大气密度和声速,Ma_i 为指示马赫数。

3.2 大气压力开环控制实验

1. 实验目的

① 学习飞行大气数据系统的功能。

② 了解飞行大气数据实验系统的组成。

③ 掌握飞行大气数据实验系统气压的调整原理。

2. 实验内容

通过实验系统中的压力泵、真空泵、电磁阀等设备,将气路中的气压控制在不同的气压值上,记录标准传感器的压力值和待标定传感器的电压值。

对记录的数据进行整理计算,得出待标定传感器的特性曲线以及性能指标。

3. 实验设备

① 计算机。

② 基于计算机的大气数据实验系统。

4. 预习要求

① 学习机载飞行大气数据系统的组成及功能。

② 学习压力传感器的工作原理。

5. 实验原理

在实验中,以标准压力传感器作为基准器,为待标定传感器提供标准压力 $0\sim$ 0.3 MPa。通过使用全静压模拟器(电磁阀驱动部分),将气路中的气压控制在一个稳定的气压值上。数据采集卡将标准压力传感器和待标定传感器的输出电压采集到计算机中,并对其进行记录和显示。

服务器端将标准传感器的输出信号代入标准传感器的特性解算公式中,计算出其所代表的压力值。服务器端将压力值和待标定传感器的电压值发送到客户端,客户端记录数据。

服务器控制增、减压,并控制完成正、反行程共三个循环的实验。

学生利用记录的数据进行实验数据处理,得到传感器的特性曲线和传感器的性能指标。

6. 实验步骤

① 阅读实验指导书,了解服务器端软件的使用方法。

② 打开计算机电源,打开压力泵,加压至气动控制箱压力表指示为 0.5。

③ 打开真空泵电源,打开全静压模拟器电源。

④ 打开压力变送器箱电源,打开气动控制箱电源。

⑤ 运行压力标定服务器软件。

⑥ 在服务器软件中,服务器可以通过按钮进行静压通道中压力的增大和减小的控制。

⑦ 运行压力标定服务器软件(界面如图 3.10 所示),运行压力标定客户端软件(界面如图 3.11 所示)。

⑧ 以标准压力传感器为准,首先单击"静压常减小"按钮,使标准压力减小到 10 kPa 以下,作为正行程的起始压力,然后以 5 kPa 为记录间隔逐渐增大静压通道中的气压,直至静压通道中的压力值为250 kPa。

⑨ 加压至 250 kPa 后,分别各进行一次加压和减压操作使压力仍稳定在 250 kPa 附近,此时的压力值作为反行程的满量程值;然后逐一卸载并在计算机上读出相应的电压值。

⑩ 减压至 10 kPa 后,分别各进行一次加压和减压操作使压力仍稳定在 10 kPa 附近,此时的压力值作为正行程的零点;一次循环测量结束。

⑪ 稍停 1~2 min 后,开始第二次循环,从步骤⑤开始操作,共进行 3 次循环。

7. 注意事项

① 由于实验中采用的是开环控制,正、反行程中,仅能保证压力的单调性,但是无法保证每个行程中都具有相同的压力值,因此需要对所记录的数据进行筛选。

② 由于 3 个传感器的量程都为 0~0.3 MPa,因此要注意两个压力罐中的压力值都不能超过 0.3 MPa。

8. 实验报告要求

① 叙述实验过程,画出系统方框图。

② 将实验数据整理成表格,从中选择 20 组数据作为计算依据。

③ 计算传感器各项静态性能指标,包括:校准曲线、迟滞误差、非线性度、重复性等。

9. 课后思考题

请思考压力控制过程中的误差因素以及通过什么方式可以减小误差。

3.3 飞行大气参数解算综合实验

1. 实验目的

① 掌握飞行大气参数计算的原理。
② 掌握基于嵌入式的飞行大气参数实验系统的组成。
③ 掌握飞行大气参数计算的一般方法。

2. 实验内容

① 利用静压求高度 H(分层进行计算)。

② 求马赫数(对 Ma 进行分情况考虑)。

③ 求真空速 V。

④ 求指示空速 V_i。

⑤ 扩展要求1:将马赫数在客户端界面显示出来。

⑥ 扩展要求2:将各种飞行参数在客户端用曲线形式显示出来。

⑦ 扩展要求3:能够将解算出的飞行数据存储成数据文件。

3. 实验设备

① 计算机。

② 基于嵌入式的大气数据实验系统。

4. 预习要求

学习飞行大气参数的解算公式及解算过程。

5. 实验原理

服务器通过实验控制界面给嵌入式控制器发送总压、静压电磁阀的开启和关闭信号,通过数据采集卡采集标准传感器输出的电压值,将得到的电压信号根据传感器的特性曲线转换成相应的总压和静压,并显示出来;通过程序计算出相应的飞行高度、真空速和指示空速,传给所有客户端。

服务器通过网络将总压、静压传感器的电压信号传给所有的客户端,同学们将电压信号代入自己已经标定的传感器静态特性解算公式中,解算出总压、静压;自己编写 MATLAB 程序,解算出飞行高度、真空速和指示空速。客户端将解算得到的总压、静压以及飞行参数,与从网络得到的飞行参数进行比较。

6. 实验步骤

① 根据实验指导了解基于嵌入式的飞行参数实验系统服务器端工作流程。

② 运行飞行参数计算服务器软件,实现动静压的实时调整及参数发送。

③ 运行飞行参数计算的客户端程序,界面如图3.12所示。界面左边为从服务器接收到的标准数据,包括总压、静压和3个大气参数,右边的数据是通过 MATLAB 软件计算得到的飞行参数。该软件在工作时有两个框需要填写,即服务器的 IP 地址,填写服务器的 IP 地址,此处为 localhost;端口填写端口号,此处填写2052。地址和端口填写完成后,运行软件并在标准数据列里查看能否接收到服务器端发送的总压、静压数据及高度、真空速和指示空速数据,如接收不到数据,则需结合服务器端进行排查。

④ 打开飞行参数计算客户端程序的后面板程序,在如图3.13所示的 MATLAB 节点中编写飞行参数的解算程序。

⑤ 解算出飞行高度、真空速与指示空速,并与服务器发来的飞行参数进行比较。

⑥ 记录实验过程中的数据,并填写在表3.2中。

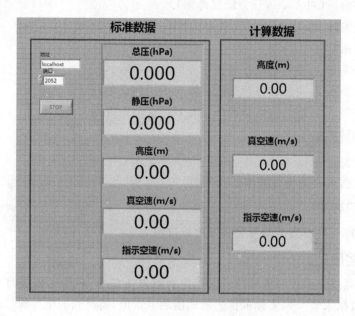

图 3.12　参数计算客户端软件界面

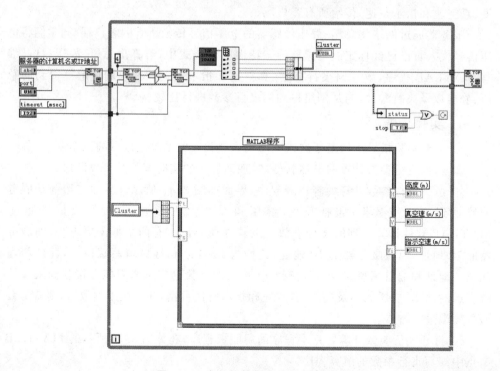

图 3.13　参数解算客户端程序界面

表 3.2 飞行参数解算实验数据记录表

飞行高度/m		真空速/(m·s⁻¹)		指示空速/(m·s⁻¹)		马赫数
服务器	客户端	服务器	客户端	服务器	客户端	客户端

7. 注意事项

记录实验数据时需要记录不同的飞行高度,高度的变化控制由服务器进行操作。

8. 实验报告要求

① 根据实验过程,设计实验过程的流程框图。

② 阐述飞行参数解算公式转化为实际计算程序的过程。

③ 对解算过程中所有用到的参数及其来源进行说明。

9. 课后思考题

分析服务器解算结果与客户端解算结果之间是否存在差异,并说明产生差异的原因。

参考文献

[1] 樊尚春,吕俊芳,张庆荣,等. 航空测试系统[M]. 北京:北京航空航天大学出版社,2005.

[2] 夏印昌. 飞行大气参数试验系统的设计与实现[D]. 哈尔滨:哈尔滨工业大学,2015.

[3] 袁梅,鲍鹏宇,董韶鹏,等. 大气数据实验系统设计及实现[J]. 实验技术与管理,2009(2):62-66.

[4] 袁梅,何涛,董韶鹏. 飞行大气参数测试仪的研制[J]. 软件,2012(9):1-5.

第 **4** 章

无线片上系统

片上系统（System-on-a-Chip，简称：SoC）指的是在单个芯片上集成一个完整的系统，一般包括微处理器/微控制器内核模块、嵌入式存储器（RAM、ROM）模块、ADC/DAC 模拟前端模块、电源管理模块以及外部通信接口模块等。它是一个具备特定功能、服务于特定应用的大规模半导体集成电路。无线片上系统（Wireless SoC）在通用片上系统中集成了射频（RF）收发器、发射功率放大器（PA）等无线通信单元，从而可以实现面向 IEEE 802.15.4、ZigBee、RF4CE、Thread、蓝牙、Wi-Fi 和 Sub-1 GHz 等的无线通信应用。无线片上系统是物联网（IoT）、现代制造工业、工业互联网、智慧医疗、智能家用电器等的重要组成和关键支撑环节。

4.1　无线片上系统的特点

当前，物联网发展迅猛，已经成为消费市场（如消费电子、智能家庭）的主流技术，而未来的工业互联网更是为物联网的发展提供了巨大的动力。同时，物联网已经在能源、发电、制造、城市交通运输等领域得到了高速发展。

物联网的实现需经历三个阶段：第一个阶段是连接尚未连接的设备，提取数据并转移到云；第二个阶段是万物智能互联，使用智能的物把数据传输到云上，并在云中和端点进行分析；第三个阶段是软件定义的自主世界。

无线片上系统是物联网第一个阶段和第二个阶段的重要组成环节和支撑技术。根据相关数据显示，2015 年全球物联网连接数量大约 60 亿个，预计 2020 年将增长到 270 亿个。而工信部发布的数据显示，2017 年物联网产业规模已经突破万亿，到 2020 年，仅中国的物联网整体规模就会达到 1.8 万亿，而其中最重要的无线片上系统芯片，将会在 2025 年之前一直保持高增长和高产业价值。

应用于物联网的无线片上系统具有以下特点：

① 受到无线终端节点体积、功耗和成本的限制，无线片上系统须具备低功耗、低成本和高可靠性的特点。

② 随着更多的数据和处理发生在边缘，边缘计算对无线片上系统的处理速度和存储能力提出了较高的要求。

③ 确保传输数据的安全性，提供健全的安全机制。

④ 多协议兼容性,支持多种主流的无线通信协议,如 ZigBee、BLE 、Thread 等。

⑤ 便捷的嵌入式软件开发支持,提供跨平台、跨器件的通用软件开发环境;同时,提供对底层寄存器操作的高层封装函数,从而提高嵌入式软件的开发效率以及增强代码的可移植性。

4.2 典型的无线片上系统

美国德州仪器公司(Texas Instruments,简称:TI)是世界上最大的模拟电路技术部件制造商,全球领先的半导体跨国公司,以开发、制造、销售半导体技术闻名于世,主要从事创新型数字信号处理与模拟电路方面的研究、制造和销售。除半导体业务外,还提供包括传感与控制、教育产品和数字光源处理解决方案。德州仪器(TI)公司总部位于美国得克萨斯州的达拉斯,提供了无线片上系统较为完整的解决方案。本书将以 TI 公司的典型无线片上系统为例,介绍无线片上系统的发展。

4.2.1 第一代无线片上系统——CC2430

TI 公司于 2007 年推出了 CC2430 芯片。该芯片首次提供了真正的无线片上系统芯片解决方案,以满足以 ZigBee 为基础的 2.4 GHz ISM 波段应用,以及对低成本、低功耗的要求。芯片集成了一个高性能 2.4 GHz DSSS(直接序列扩频)射频收发器核心和一颗工业级 8 位 8051 内核微控制器。CC2430 具备 8 KB 的 RAM 及多种外围模块,并且有 3 种不同的 Flash 版本以供程序存储(32 KB,64 KB 和 128 KB)。

CC2430 集成了 4 个振荡器用于系统时钟和定时操作:1 个 32 MHz 晶体振荡器,1 个 16 MHz RC 振荡器,1 个可选的 32.768 kHz 晶体振荡器和 1 个可选的 32.768 kHz RC 振荡器。同时,还集成了一个 AES(高级加密标准,Advanced Encryption Standard,在密码学中又称 Rijndael 加密法,是美国联邦政府采用的一种区块加密标准)协处理器,以支持 IEEE 802.15.4 MAC 安全所需的 128 位关键字 AES 的运行,以实现尽可能少地占用微控制器。中断控制器为总共 18 个中断源提供服务,具备 4 种中断优先级的设定。具备 21 个可编程的通用 I/O(其中 2 个 I/O 口可提供 20 mA 的驱动电流)。CC2430 还具有 4 个定时器:1 个 16 位 MAC 定时器,可为 IEEE 802.15.4 的 CSMA/CA(载波侦听多路访问/冲突避免,Carrier Sense Multiple Access with Collision Detection)算法提供定时,以及为 IEEE802.15.4 的 MAC 层提供定时。1 个 16 位和 2 个 8 位定时器,支持典型的定时/计数功能,例如,输入捕捉、比较输出和 PWM(脉冲宽度调制,Pulse Width Modulation)功能。CC2430 内集成的其他外设包括:实时时钟;上电复位;8 通道 12 位 ADC;可编程看门狗;2 个可编程 USART(通用同步/异步串行接收/发送器,Universal Synchronous/Asynchronous Receiver/Transmitter),用于主/从 SPI(串行外设接口,Serial Peripheral Interface)或 UART(通用异步收发传输器,Universal Asynchronous Receiver/

Transmitter)操作。

同时,为了更好地适用于无线通信网络和应用,CC2430 还集成了 IEEE 802.15.4 MAC 协议,以减少对微控制器资源的占用,其包括:自动前导帧发生器;同步字插入/检测;CRC - 16 (Cyclic Redundancy Check)循环冗余校验;空闲信道评估(CCA, Clear Channel Assessment);接收信号强度指示 (RSSI, Received Signal Strength Indication);链路质量指示(LQI, Link Quality Indicator);CSMA/CA 协处理器。

此外,CC2430 在休眠模式时仅需消耗 $0.9~\mu\mathrm{A}$ 的电流,可通过外部中断或 RTC 唤醒芯片实现,非常适用于能量有限的应用系统。

CC2430 的整体功能结构如图 4.1 所示。

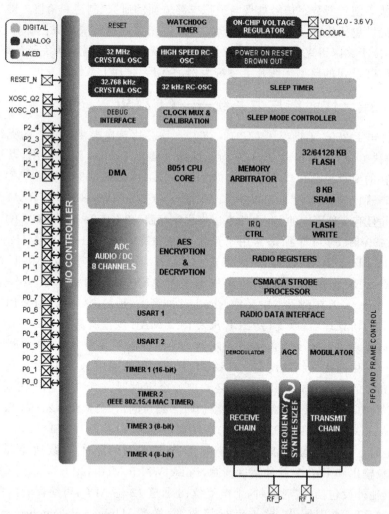

图片来源:CC2430 User Guide,Literature Number:SWRS036F,June,2007

图 4.1 TI 公司的 CC2430 无线片上系统功能方框图

4.2.2　第二代无线片上系统——CC2530

2009 年 4 月,TI 公司推出了第二代无线片系统——CC2530。CC2530 提供了一种用于 2.4 GHz IEEE 802.15.4 / RF4CE / ZigBee 的片上系统解决方案。CC2530 将领先的射频收发器的卓越性能与业界标准增强型 8051 MCU、系统内可编程闪存、8 KB RAM 以及许多其他强大功能相结合。CC2530 有 4 种不同的闪存版本:CC2530F32/64/128/256 分别对应 32/64/128/256 KB 的闪存。CC2530 具有多种工作模式,非常适合需要超低功耗的系统。CC2530 还可以配备 TI 的一个标准兼容或专有的网络协议栈(RemoTI、Z - Stack 或 SimpliciTI)来简化无线通信系统的开发。

CC2530 的典型外设包括:5 通道 DMA;IEEE 802.15.4 MAC 定时器、通用定时器(1 个 16 位和 1 个 8 位);IR 发生器(IR 终端);具有捕获功能的 32 kHz 睡眠定时器;硬件支持 CSMA/CA;精确的 RSSI/LQI 指示;电池监测和温度传感;21 个通用 I/O;看门狗定时器;带宽 7~30 kHz 的 12 位 8 通道 ADC;AES 加密/解密内核(采用 128 位的 AES 算法进行加密或解密数据,保证 ZigBee 网络层和应用层的安全);提供 2 个 USART;具有 2 线制的串行接口。

CC2530 的整体功能结构如图 4.2 所示。

CC2530 使用的 CPU 内核是一个单周期的 8051 兼容内核。它有 3 种不同的内存访问总线(SFR、DATA 和 CODE/XDATA),单周期访问 SFR、DATA 和主 SRAM。它还包括 1 个调试接口和 1 个 18 位输入扩展中断单元。中断控制器共提供了 18 个中断源,分为 6 个中断组,每个与 4 个中断优先级之一相关。当设备从活动模式回到空闲模式时,任一中断服务请求被触发。一些中断还可以从睡眠模式(供电模式 1~3)唤醒设备。内存仲裁器位于系统中心,因为它通过 SFR 总线把 CPU 和 DMA 控制器和物理存储器以及所有外设连接起来。内存仲裁器有 4 个内存访问点,每次访问可以映射到 3 个物理存储器中的 1 个:1 个 8 KB SRAM、闪存存储器和 XREG/SFR 寄存器。内存仲裁器负责执行仲裁,并确定同时访问同一个物理存储器之间的顺序。

8 KB SRAM 映射到 DATA 存储空间和部分 XDATA 存储空间。8 KB SRAM 是一个超低功耗的 SRAM,即使数字部分掉电(供电模式 2 和 3)也能保留其内容。这对于低功耗应用来说是一个非常重要的功能。

32/64/128/256 KB 闪存单元为设备提供了可编程的非易失性程序存储器,映射到 XDATA 存储空间。除了保存程序代码和常量以外,非易失性存储器还允许应用程序保存必须保留的数据,这样设备重启之后仍可以使用这些数据。例如,可以在设备断电后仍然在非易失性程序存储器保存网络的具体参数数据,这样设备在重新上电后就不需要重新进行网络寻找和网络加入,从而大幅提高组建网络的效率。

CC2530 数字内核和外设由一个 1.8 V 低压差稳压器供电。它提供了电源管理功能,可以实现使用不同供电模式的长电池寿命的低功耗运行,有 5 种不同的复位源来复位设备。

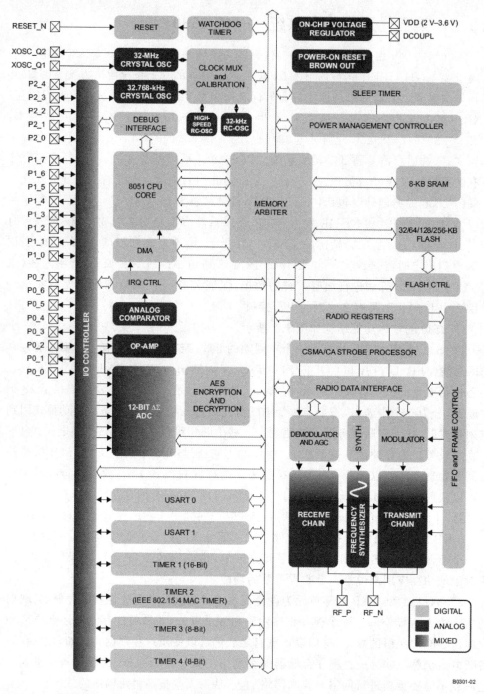

图片来源：CC253x System-on-Chip(SoC) Solution for 2.4-GHz IEEE 802.15.4 and
ZigBee Applications User Guide，Literature Number：SWRU191F，April，2014

图 4.2　TI 公司的 CC2530 无线片上系统功能方框图

　　CC2530 的调试接口采用一个专有的两线串行接口,用于内部电路调试。通过这个调试接口,可以执行整个闪存存储器的擦除、控制使能振荡器、停止和开始执行用户程序、执行 8051 内核提供的指令、设置代码断点,以及内核中全部指令的单步调试。

　　I/O 控制器负责所有通用 I/O 引脚。CPU 可以配置外设模块是否控制某个引脚或它们是否受软件控制,如果受软件控制,则可将引脚配置为输入或输出,同时也可以配置引脚是否连接上拉或下拉电阻。CPU 中断可以分别在每个引脚上使能。每个连接到 I/O 引脚的外设可以在两个不同的 I/O 引脚位置之间选择,以确保在不同应用程序中的灵活性。系统可以使用一个多功能的五通道 DMA 控制器,使用 XDATA 存储空间访问存储器,因此能够访问所有物理存储器。每个通道(触发器、优先级、传输模式、寻址模式、源和目标指针和传输计数)用 DMA 描述符在存储器任何地方配置。许多硬件外设(AES 内核、闪存控制器、USART、定时器、ADC 接口)通过使用 DMA 控制器在 SFR 或 XREG 地址和闪存/SRAM 之间进行数据传输,以获得高效率操作。定时器 1 是一个 16 位定时器,具有定时器/PWM 功能。它有一个可编程的分频器,一个 16 位周期值和 5 个各自可编程的计数器/捕获通道,每个都有一个 16 位比较值。每个计数器/捕获通道可以用作一个 PWM 输出或捕获输入信号边沿的时序。它还可以配置在 IR 产生模式,计算定时器 3 的周期,输出是 ANDed,定时器 3 的输出是用最小的 CPU 互动产生调制的消费型 IR 信号。

　　CC2530 的 MAC 定时器(定时器 2)是专门为支持 IEEE 802.15.4 MAC 协议而设计的。定时器有一个可配置的定时器周期和一个 8 位溢出计数器,可以用于保持跟踪已经经过的周期数。一个 16 位捕获寄存器用于记录收到/发送一个帧开始界定符的精确时间,或传输结束的精确时间,还有一个 16 位输出比较寄存器可以在具体时间产生不同的选通命令到无线模块。定时器 3 和定时器 4 是 8 位定时器,具有定时器/计数器/PWM 功能。它们有一个可编程的分频器、一个 8 位的周期值、一个可编程的计数器通道,具有一个 8 位的比较值。每个计数器通道都可以用作一个 PWM 输出。睡眠定时器是一个超低功耗的定时器。睡眠定时器可在除供电模式 3 外的所有工作模式下不间断运行。这一定时器的典型应用是作为实时计数器,或作为一个唤醒定时器跳出供电模式 1 或模式 2。

　　CC2530 的 ADC 支持 7～12 位的分辨率,分别工作在 30 kHz 或 4 kHz 的带宽上。DC 和音频转换可以使用高达 8 个的输入通道(端口 0)。输入类型可以为单端输入或差分输入。参考电压可以是内部电压、AVDD 或是一个单端或差分外部信号。ADC 还有一个片上温度传感输入通道。

　　随机数发生器使用一个 16 位 LFSR 来产生伪随机数,可以被 CPU 读取或由选通命令处理器直接使用。例如随机数可以用作产生随机密钥,用于安全。AES 加密/解密内核允许用户使用带有 128 位密钥的 AES 算法加密和解密数据。

　　CC2530 的 USART0 和 USART1 可以被配置为一个 SPI 主/从或一个 UART。

它们为 RX 和 TX 提供了双缓冲,以及硬件流控制,因此非常适合于高吞吐量的全双工应用。

此外,CC2530 具有一个 IEEE 802.15.4 兼容的无线收发器。它提供了 MCU 和无线设备之间的一个接口,可以发出命令、读取状态、自动操作和确定无线设备事件的顺序。

比起第一代 CC2430,CC2530 提供了更优的 RF 性能(包括输出功率、灵敏度、选择性的改进),多达 256 KB 的闪存以支持更多的应用,强大的地址识别和数据包处理引擎,能够很好地匹配 RF 前端,封装更小,增加了 IR 控制电路,以及支持 ZigBee PRO 和 ZigBee RF4CE。

4.2.3 基于 SimpleLink 的无线片上系统平台

TI 公司的 SimpleLink 平台诞生于 2012 年,其目的是提高 TI 公司各个处理器平台间的软件代码可移植性和可重用性。也就是说,如果开发者更换处理器平台,那么在过去要重新开发代码。而现在 TI 有统一的 SDK,只要通过 SDK 的 API,就可以方便地调用 SimpleLink 的库和移植(如图 4.3 所示)。

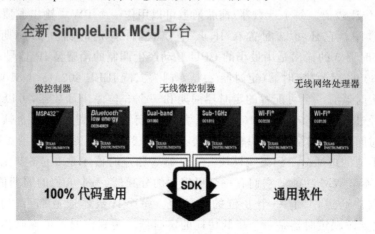

图 4.3 SimpleLink 平台

TI 的全新 SimpleLink 微控制器平台在单个软件开发环境中提供种类繁多的有线和无线 ARM MCU(片上系统)产品系列,为开发人员设定了新标准,从而为用户的物联网等应用提供灵活的硬件、软件和工具选项。其特点如下:

- 统一的有线和无线片上系统平台:具有最广泛的基于 ARM Cortex - M 的有线和无线 MCU 片上系统系列,具有最低的功耗,符合 AEC - Q100 汽车标准的高级安全性和一流的模拟集成度。
- 100%代码可移植性:使用 SimpleLink SDK(包括全套经过验证并配有完整文档的驱动程序、堆栈和代码示例)可以大幅简化开发。SimpleLink MCU 平台的软件开发套件(SDK)以 100%的代码重复率实现了可扩展性,使用户使用起来更加轻松并满足随时改变的设计或应用需求(见图 4.4)。

● 直观的工具和套件:SimpleLink 平台提供简单而强大的硬件和软件工具,使用户可以快速进行开发和生产。

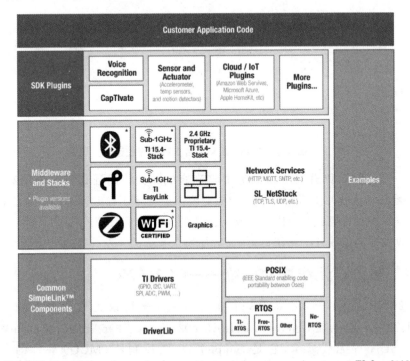

图片来源:Simplifying software development to maximize return on investment,TI,Jan,2018

图 4.4　SimpleLink 的 SDK 组件

此外,SimpleLink 为从终端节点到云的片上系统设备提供全面的安全功能,包括:

● 加密加速(AES 128/192/256、DES/3DES、SHA 1/2);

● 网络安全(WPA2、TLS);

● 安全固件和软件更新(文件系统安全、软件篡改保护);

● 安全引导(经认证的引导、标准安全、信任根公钥);

● 无线安全内容交付。

目前,SimpleLink 已经支持包括蓝牙、Sub-1 GHz、Wi-Fi、Thread、ZigBee 等多种无线通信协议,并提供相应的无线片上系统,如图 4.5 所示。

SimpleLink 集成的 TI Drivers 可提供大量易于使用和可移植的功能性 API,通过一致的硬件抽象层,能够实现对 SPI、UART、ADC 等通用外设的标准化访问。其次,由于全特性的 TI RTOS 与连接选项和无线堆栈都集成在 SDK 中,业界标准的 POSIX API 能够在不同的内核间实现应用代码兼容。如果用户想要设计一个新的无线传感器节点,则借助于该通用的软件平台,开发人员可以利用 MCU 管理接口快速开始样机设计和开发,同时也可以针对新的连接应用扩展该设计。例如,如果需要

	Bluetooth 蓝牙	**Sub-1GHz** 低于 1GHz	**WiFi** Wi-Fi	**THREAD** Thread	**zigbee** Zigbee	**Multi-standard** 多标准	**Wired** 以太网、 CAN、USB
主要特性	本地智能手机连接	远距离星型网络	无线云连接	基于 IPv6 的网状网络	网状网络	并发无线标准	低延迟有线连接
功耗	纽扣电池到 AAA	纽扣电池	AA 到锂离子电池	纽扣电池到 AAA	能量收集到 AAA	纽扣电池到 AAA	AA 到锂离子电池
吞吐量	高达 2Mbps	高达 200kbps	高达 100Mbps	高达 250kbps	高达 250kbps	高达 3Mbps	高达 100Mbps
产品	CC13xx/CC26xx	CC13xx	CC31xx/CC32xx	CC13xx/CC26xx	CC13xx/CC26xx	CC13xx/CC26xx	MSP432
与 SimpleLink SDK 兼容	是	是	是	是	是	是	是

图 4.5 SimpleLink 平台支持的无线通信

添加 Wi-Fi 通信,则开发人员只需要将现有的原始代码迁移到预先加载了所需 Wi-Fi 堆栈的无线片上系统即可。如果需要添加蓝牙或者更远距离的通信,则开发人员仅需要将此前集成的应用插入支持蓝牙的无线片上系统或集成了远距离 Sub-1 GHz 收发器的无线片上系统即可,大大加快了系统的开发并提高了灵活性。

4.2.4 多协议无线片上系统——CC2652R

CC2652R 是 TI 公司于 2018 年推出的一款多协议无线片上系统,可支持 Thread、ZigBee、低功耗 Bluetooth 5、IEEE 802.15.4g、IPv6 智能对象(6LoWPAN) 和 Wi-SUN 等无线通信,它是 SimpleLink 微控制器(MCU)平台的一部分。CC2652R 是 TI 公司 CC26xx 和 CC13xx 系列中,具有较低成本和超低功耗的 2.4 GHz 以及低于 1 GHz 的无线片上系统。CC2652R 具有极低的有源射频和微控制器(MCU)工作电流以及低于 1 μA 的睡眠电流和最高 80 KB 的 RAM。CC2652R 器件在一个支持多物理层和射频标准的平台上将灵活的超低功耗射频收发器与强大的 48 MHz ARM Cortex-M4F CPU 结合在一起。专用无线电控制器(ARM Cortex-M0)可处理存储在 ROM 或 RAM 中的低级射频协议命令,因而可确保超低功耗和极佳的灵活性。CC2652R 器件的低功耗不会影响射频性能,CC2652R 器件具有优异的灵敏度和耐用(选择性和阻断)性能,通过具有 4 KB 程序和数据 SRAM 存储器的可编程、自主式超低功耗传感器控制器 CPU,可在极低的功耗下完成传感器的相关操作;具有快速唤醒功能和超低功耗 2 MHz 的传感器控制器,专门为模拟和数字传感器数据进行采样、缓存和处理而设计,因此 MCU 系统可以最大限度地延长睡眠时间和降低工作功耗。CC2652R 的整体功能结构如图 4.6 所示。

CC2652R 的主要参数如下:

- 微控制器:强大的 ARM Cortex-M4F 处理器,时钟速度高达 48 MHz,具有 352 KB 系统内可编程闪存,256 KB ROM 用于协议和固件,具有 8 KB 缓存 SRAM(作为通用 RAM 提供)、80 KB 超低泄漏 SRAM、2 引脚 cJTAG 和

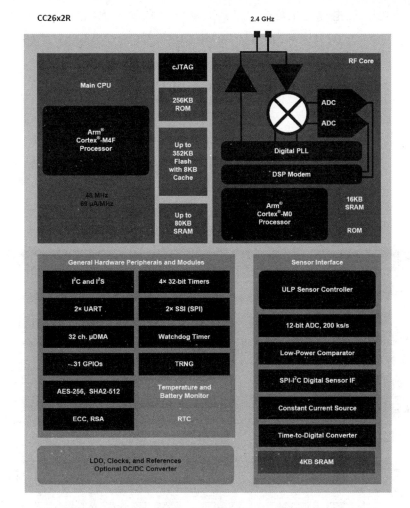

图片来源:CC 2652R User Guide,Literature Number:SWRS207,June,2018

图 4.6 TI 公司的 CC2652 无线片上系统功能方框图

JTAG 调试,支持无线升级(OTA)。

- TI-RTOS、驱动程序、加载程序、低功耗蓝牙 5 控制器和 IEEE 802.15.4 MAC 嵌入在 ROM 中,优化应用尺寸。

- 外设:数字外设可连接至任何 GPIO;具有 4 个 32 位或 8 个 16 位通用计时器,12 位 ADC、200 ks/s、8 通道;具有 2 个带内部基准数/模转换器(DAC)的比较器(1 个连续时间、1 个超低功耗),可编程电流源,2 个异步收发器(UART),2 个同步串行接口(SSI)(SPI、MICROWIRE 和 TI),I^2C,I^2S,实时时钟(RTC),AES 128 位和 256 位加密加速计,ECC 和 RSA 公钥硬件加速器,SHA2 加速器(最高到 SHA-512 的全套装),真随机数发生器(TRNG),电容式感应(最高 8 通道),集成温度和电池监控。

- 低功耗:宽电源电压范围:1.8～3.8 V;有源模式 RX:6.83 mA;有源模式 TX:7.5 mA;有源模式 MCU 48 MHz(CoreMark):3.3 mA(69 μA/MHz);传感器控制器 16 Hz 流量测定:1.7 μA;传感器控制器 100 Hz 比较器 A 读数:1.5 μA;传感器控制器,1 Hz ADC 采样:1 μA;待机电流:0.92 μA(RTC 运行,80 KB RAM 和 CPU 保持);关断电流:125 nA(发生外部事件时唤醒)。

- 无线通信部分:具有与低功耗蓝牙 5 及 IEEE 802.15.4 和 MAC 标准兼容的 2.4 GHz 射频收发器;出色的接收器敏感度:－100 dBm(IEEE 802.15.4 (2.4 GHz))、－103 dBm(低功耗蓝牙 5 编码);可编程输出功率最高达 ＋5 dBm;适用于需要符合全球射频规范的系统:EN 300328(欧洲)、EN 300440 2 类(欧洲)、FCC CFR47 第 15 部分(美国)、ARIB STD－T66(日本)。

TI 公司支持 ZigBee 无线通信典型片上系统对比图如图 4.7 所示。

Selection Parameters/ Device Family	SimpleLink CC2652R	SimpleLink CC1352R, CC1352P	CC2530/CC2531/CC2538	CC2650/CC2630
Getting Started				
Development kit	LaunchPad LAUNCHXL-CC2652R	LaunchPad LAUNCHXL-CC1352R	SmartRF06 evaluation board with daughter cards	LaunchPad LAUNCHXL-CC2650
MCU Architecture				
Flash	352 kB	352 kB	32 to 256 kB	128 kB Zigbee End Device only
RAM	80 kB	80 kB	8 kB	20 kB
MCU, operating frequency	Arm® Cortex®-M4F, 48 MHz	Arm® Cortex®-M4F, 48 MHz	8051 MCU core, 32 MHz	Arm® Cortex®-M3, 48 MHz
Peripheral features	Fully programmable ULP sensor controller with integrated analog, capacitive sensing, UART, SPI, I²C and I²S	Fully programmable ULP sensor controller with integrated analog, capacitive sensing, UART, SPI, I²C and I²S	UART, SPI	Fully programmable ULP Sensor controller with integrated analog, capacitive sensing, UART, SPI, I²C and I²S
Security accelerators	AES 128, 256-bit ECC, RSA public key, SHA2, TRNG	AES 128, 256-bit ECC, RSA public key, SHA2, TRNG	AES 128-bit	AES 128-bit TRNG
Active power Active mode TX Active mode RX	0 dBm, 6.3 mA 5 dBm, 9.3 mA 6.9 mA (Rx)	0 dBm, 6.3 mA 5 dBm, 9.3 mA 20 dBm, 78 mA 6.9 mA (Rx)	+1 dBm, 29 mA 24 mA	+5 dBm, 9.1 mA 5.9 mA
Standby power RTC on, 80KB RAM and CPU retention	0.8 μA	0.8 μA	1 μA	1 μA
Integrated dual-band support	No	Sub-1GHz and 2.4-GHz RF transceiver	No	No
Built-in range extender	No	Available on CC1352P - 10 and 20 dBm modes	No	No
Packages	7 mm x 7 mm RGZ VQFN48 (31GPIO)	7 mm x 7 mm RGZ VQFN48 (28GPIO)	6 mm x 6 mm QFN40 (21 GPIOs)	4 mm x 4 mm VQFN32 (10 GPIOs) 5 mm x 5 mm VQFN32 (15 GPIOs) 7 mm x 7 mm RGZ VQFN48 (31 GPIOs)
Tools & Software				
Zigbee 3.0 compliant	yes	yes	yes* R21/2015	No
Zigbee protocol stack	Link	Link	Link	Deprecated support Mbytes
TI drivers for advanced peripherals	Supported	Supported	Not supported	Not supported
100% code portable with other products in the SimpleLink ecosystem	Supported POSIX-compliant TI drivers	Supported POSIX-compliant TI drivers	Not supported	Not supported
Tested and maintained on a quarterly cadence	Yes	Yes	Maintenance releases	Deprecated support
Supported IDE	Code Composer Studio V8.1 or later IAR Embedded Workbench ARM 8.20	Code Composer Studio V8.1 or later IAR Embedded Workbench ARM 8.20	IAR Embedded Workbench ARM 8.11 and 8051 10.10	IAR Embedded Workbench ARM 7.40

图片来源:ZigBee Selection Guide for SimpleLink MCUs,August,2018

图 4.7 TI 公司支持 ZigBee 无线通信典型片上系统对比图

4.3 基于 CC2530 的无线片上系统实验平台

无线片上实验设备介绍

实验设备采用北京百科融创教学仪器设备有限公司开发的 XBee/ZigBee 云测试无线网络实验开发平台。一个实验平台由一台实验箱构成，每个试验箱包括 7 个无线片上系统实验节点。每个实验节点均由底板和 ZigBee 通信模块组成（见图 4.8），原理图如图 4.9 所示。底板采用 ARM Cortex 内核的 STM32F103VC 芯片作为核心控制器，配合外围数据采集电路接口完成对模拟信号、数字信号的采集，还可完成对扩展模块的控制；ZigBee 通信模块采用无线片上系统 CC2530 芯片完成无线数据的传输功能，ZigBee 通信模块也可独立完成温度、湿度、光照强度数据的采集。当进行基于 CC2530 的无线片上系统实验时，ZigBee 通信模块上的开关应拨到右边，整个节点才能供上电，如图 4.8 所示红框区域所示。

图 4.8 基于无线片上系统的实验节点

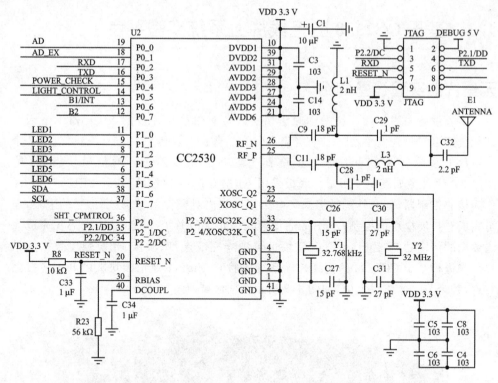

图 4.9 基于 CC2530 无线片上系统的 ZigBee 通信模块原理图

ZigBee 通信模块的调试采用 CC Debugger 仿真器（见图 4.10）。仿真器为 Zig-Bee 通信模块 CC2530 提供程序下载、在线调试、单步运行等功能。

图 4.10 适用于 ZigBee 通信模块调试的 CC Debugger 仿真器

4.4　无线片上系统嵌入式软件集成开发环境

基于 CC2530 的无线片上系统软件开发使用 IAR Embedded Workbench 完成，它是一套完整的集成开发工具集合：包括从代码编辑器、工程建立到 C/C++编译器、连接器和调试器的各类开发工具。IAR Embedded Workbench 是世界一流的 C/C++编译器和调试工具套件，适用于基于 8 位、16 位和 32 位 MCU（包括 MSP430 和基于 TI ARM 的微控制器）的应用。

IAR EW8051 是 IAR Embedded Workbench 专门针对 8051 内核的单片机开发的强大的集成开发环境，包括：①高度优化 8051 内核的 C/C++编译器；②可重定位的 8051 汇编器；③支持 DATA、IDATA、XDATA、PDATA 和 BDATA；④支持编译器和库中的多个 DPTR（数据指针）；⑤SFR 寄存器位寻址；⑥最多可以使用 32 个虚拟寄存器。本实验采用该集成环境完成源代码的编辑、调试和程序下载。

IAR EW8051 还集成了 C - SPY 调试器，可以实现：①带有 8051 模拟器的 C - SPY 调试器；②支持在硬件上进行 RTOS 感知调试；③JTAG 驱动程序；④ROM 监视器；⑤用于创建自己的 ROM 监视器驱动程序的项目和源代码。

IAR WE8051 支持 TI 公司的基于 8051 的 CC11xx、CC24xx 和 CC25xx 无线片上系统，同时也支持基于 8051 的 Sensium 器件。

CC2530 嵌入式软件使用 IAR EW8051 进行开发的详细步骤如下：

（1）建立新工程

通过快捷方式 启动 IAR Embedded Workbench 软件开发环境。使用 IAR 开发环境应首先建立一个新的工作区。在一个工作区中可创建一个或多个工程。

选择 File→New Workspace，即建好了一个工作区，现在可创建新的工程并把它放入工作区。打开 Project 菜单，选择 Create New Project，如图 4.11 所示。

弹出如图 4.12 所示的建立新工程对话框，在 Tool chain 下拉列表框中选择 8051，在 Project templates 列表框中选择 Empty project，单击对话框下方的 OK 按钮。

在"D:\无线传感器网络实验\1. CC2530 基础实验"中新建"实验一"，将工程保存在"D:\无线传感器网络实验\1. CC2530 基础实验\实验一"中。更改工程名，如 test1，单击"保存"按钮保存工程，如图 4.13 示，这样便建立了一个空的工程。

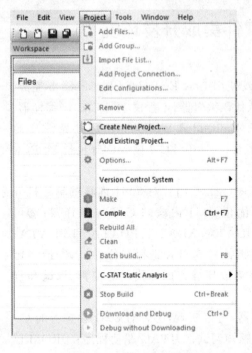

图 4.11　新建一个工程

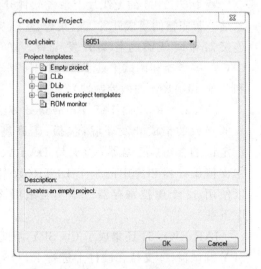

图 4.12　选择工程类型

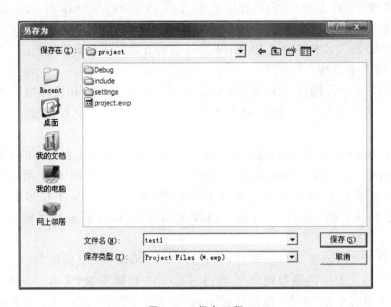

图 4.13　保存工程

建立完工程后,工程名称会自动出现在工作区窗口中,如图 4.14 所示。

系统将自动产生两个创建配置:调试和发布。在此,只使用 Debug 即调试。项

图 4.14　工作区窗口中的工程

目名称后的星号(*)表示修改还没有保存。选择 File→Save Workspace,保存工作区文件,并指明存放路径,这里把它放到新建的工程目录下,单击"保存"按钮,保存工作区,如图 4.15 所示。

图 4.15　保存工作区

（2）添加文件或新建程序文件

选择 File→New File，新建一个空文本文件，向文件中添加程序源代码，完成实现所有小灯同时闪烁的程序，如图 4.16 所示。

```
Untitled1 * ×

/*测试小程序-实现小灯的同时闪烁*/
#include "ioCC2530.h"
void Delay(unsigned char n)
{
  unsigned char i;
  unsigned int j;
  for(i = 0; i < n; i++)
  for(j = 1; j; j++);
}

void main(void)
{
  CLKCONCMD &= ~0x40;        // 设置系统时钟源为32MHZ晶振
  while(CLKCONSTA & 0x40);   // 等待晶振稳定
  CLKCONCMD &= ~0x47;        // 设置系统主时钟频率为32MHZ

  P1SEL = 0x00;             // P1 设置为普通 I/O 口
  P1DIR = 0x3F;                  // P1 的6个口设置为输出

  while(1)
  {
    P1=0x03;
    Delay(10);

    P1=0x3C;
    Delay(10);
  }
}
```

图 4.16　输入程序源代码

选择 Project→Add Exiting Project→菜单项之后会弹出保存对话框，新建一个 source 文件夹，将文件名命名为 test1. c 后保存到 source 文件夹下，如图 4.17 所示。

图 4.17　保存程序文件

右击 Workspace→Files 下的 test1 - Debug,选择 Add→Add"test1. c",将 test1. c 添加到当前工程中,添加后如图 4.18 所示。

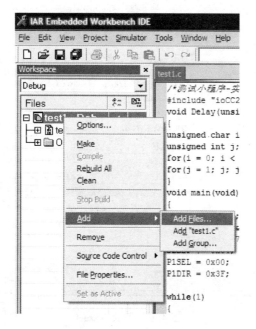

图 4.18　添加程序文件

(3) 设置工程选项参数

单击工程名称,然后在 IAR 菜单栏中选择 Project 菜单下的 Options 配置与 CC2530 相关的选项。

① 选择 Options for node "test1"对话框左侧 Category 下拉列表框中的 General Options 选项进行配置。

设置 Target 标签:

在 Device information 选项区域中,在 Device 下拉列表框中选择 Texas Instruments/CC25××/3×/CC2530F256,在 CPU core 下拉列表框中选择 Plain;在 Code model 下拉列表框中选择 Banked,在 Data model 下拉列表框中选择 Large。其余保持默认值,如图 4.19 所示。

设置 Stack/Heap 标签,如图 4.20 所示,改变 XDATA 栈大小为 0x1FF。

② 选择 Options for node "test1"对话框左侧 Category 下拉列表框中的 Linker 选项进行配置。

设置 Config 标签:

在 Linker configuration file 选项区域选中 Override default,单击 按钮选择 D:\Program Files(x86)\IAR Systems\Embedded Workbench 8.0\8051\config\ devices\Texas Instruments\lnk51ew_CC2530F256_banked,如图 4.21 所示。

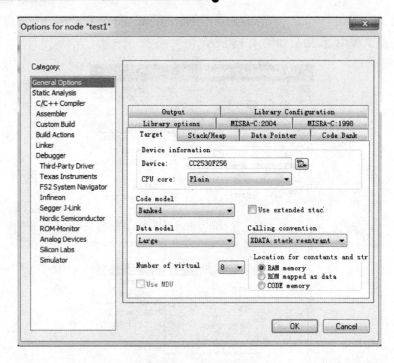

图 4.19　配置 Target

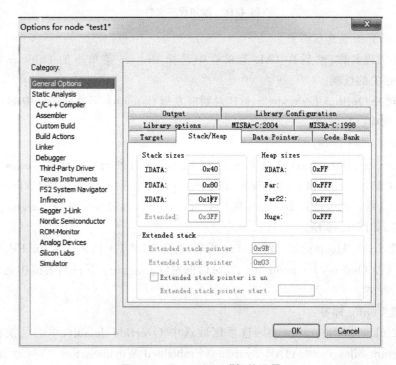

图 4.20　"Stack/Heap"标签设置

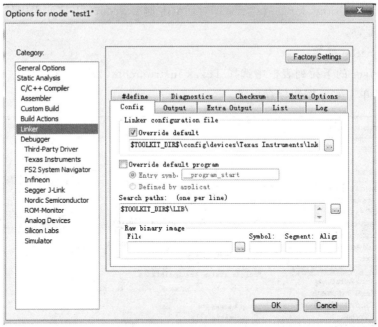

图 4.21　选择连接命令文件

设置 Output 标签：

在 Output file 选项区域中，选中 Override default 可以在下面的文本框中更改输出文件名，一般输出可下载文件"XX.hex"，如图 4.22 所示。

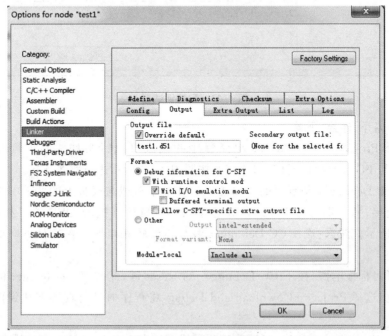

图 4.22　输出文件设置

③ 选择 Options for node "test1"对话框左侧 Category 下拉列表中的 Debugger
选项进行配置。

设置 Setup 标签：

在 Driver 的下拉列表框中选择 Texas Instruments,如图 4.23 所示。

最后,单击 OK 按钮保存设置。

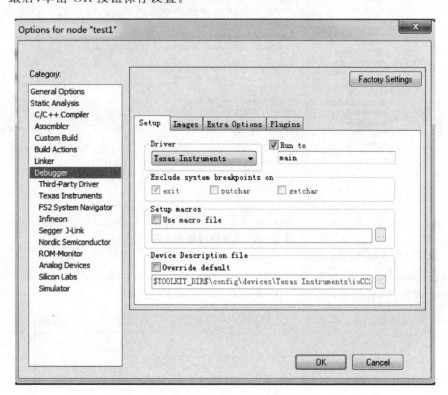

图 4.23 配置调试器

(4) 编译、连接、下载

选择 Project→Rebuild All 编译程序并生成可执行文件。本实验由于需要
CC2530 与 PC 进行串口通信,因此需要按照图 4.24 所示进行跳线连接。

将 CC Debugger 仿真器的一端通过 10 Pin 下载线与底板上的 2530 - JTAG 下
载口相连接,另一端通过 USB 线(A 型转 B 型)与计算机的 USB 端口相连接,如
图 4.25 所示。**注意**:连接 CC Debugger 和目标板时目标板应在目标板断电状态下
进行。

打开目标板电源,按下 CC Debugger 的 Reset 键,此时 CC Debugger 的指示灯
应为绿色,选择 Project→Download and Debug,将程序通过仿真器下载到传感节点
模块。

单击 Go 按钮运行程序,可以观察到无线模块上 LED1～LED6 的 6 个灯闪烁。

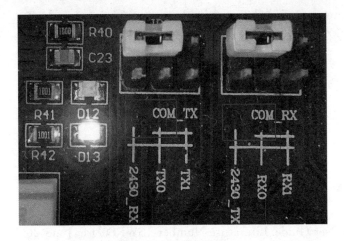

图 4.24　跳线帽连接

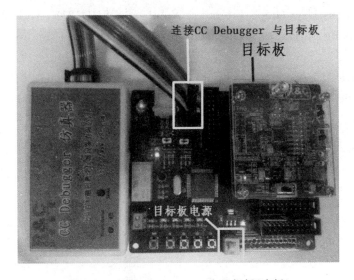

图 4.25　连接 CC Debugger 和目标板(底板)

如果需要对源程序进行调试,可以使用以下调试执行功能。

Step into:单步执行,遇到子函数就进入并且继续单步执行(简而言之,进入子函数)。

Step over:单步执行时,在函数内遇到子函数时不会进入子函数内单步执行,而是将子函数整个执行完再停止,也就是把子函数整个作为一步。注意一点,经过简单的调试,在不存在子函数的情况下其与 Step into 效果一样(简而言之,越过子函数,但子函数会执行)。

Step out:当单步执行到子函数内时,用 Step out 就可以执行完子函数余下的部分,并返回到上一层函数。

Next statement：每次执行一个语句。

这些命令在工具栏上都有对应的快捷键，如图 4.26 所示。

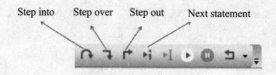

Step into　　Step over　　Step out　　Next statement

图 4.26　程序运行界面

参考文献

［1］CC2430 User Guide. Literature Number：SWRS036F,June,2007.

［2］CC253x System-on-Chip Solution for 2.4-GHz IEEE 802.15.4 and ZigBee Applications User Guide. Literature Number：SWRU191F,April,2014.

［3］Simplifying software development to maximize return on investment. TI, Jan,2018.

［4］CC 2652R User Guide. Literature Number：SWRS207,June,2018.

［5］ZigBee Selection Guide for SimpleLink MCUs. August,2018.

第 **5** 章

无线片上系统实验

本章以 CC2530 无线片上系统为对象,介绍无线片上系统嵌入式硬件资源(包括 I/O 口,中断、定时器、串行通信以及 A/D 等)的基本操作方法,并以此为基础,介绍了两种典型传感器在无线片上系统中的应用。本章的硬件资源介绍均配套相应的实验内容,方便学生边学习边练习,进一步加深对所学知识的理解,掌握其基本使用方法。熟练掌握本章的知识点和编程方法,是完成第 6 章基于 ZigBee 的无线传感器网络实验的基础和必备条件。

5.1　基于无线片上系统的数字 I/O 实验

1. 实验目的

① 学习使用 CC2530 无线片上系统的 I/O 口基本操作方法。

② 熟悉基于 IAR 软件的使用。

③ 了解 C 语言的模块化编程。

2. 实验内容

① 使用软件延时的方式控制 6 个 LED 灯轮流点亮。

② 熟悉和总结 CC2530 单片机 GPIO 的编程规范和使用方法。

3. 实验设备

① 装有 IAR 开发及调试环境的 PC。

② XBee/ZigBee 云测试无线网络实验开发平台。

③ CC Debugger 仿真器。

4. 基础知识

(1) CC2530 的引脚分布及最小系统

CC2530 采用 VQFN 封装,外观上是一个正方形芯片,每边有 10 个引脚,总共 40 个引脚。CC2530 的引脚分布如图 5.1 所示,其最小系统的结构如图 5.2 所示(包括电源电路、晶振、复位电路以及无线通信电路)。

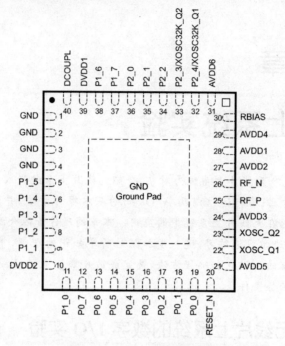

图 5.1　CC2530 的引脚分布

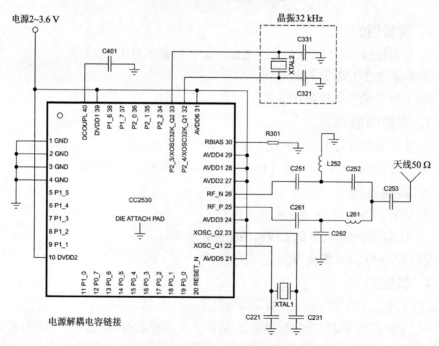

图 5.2　CC2530 的最小系统

（2）GPIO 的特点

CC2530 有 21 个通用数字输入/输出引脚,可以配置为通用数字 I/O 或外设 I/O 信号。I/O 的用途可通过一系列寄存器配置,通过程序实现。

CC2530 的通用 I/O 端口具有如下重要特点:

● 21 个数字 I/O 引脚,这些引脚可以组成 3 个 8 位端口,分别为端口 0、端口 1 和端口 2,通常表示为 P0、P1 和 P2。其中,P0 和 P1 是完全的 8 位端口,而 P2 仅有 5 位可以使用。

● 可通过程序配置为通用 I/O 或外设 I/O,通用 I/O 是指可以对外输出逻辑值 0(低电平)或 1(高电平),也可以读取从 I/O 引脚输入的逻辑值。CC2530 内部除了含有 8051 MCU 内核外,还具有其他功能模块,如定时器、ADC 和 USART 模块,这些功能模块被称为外设。可通过编程将 I/O 口与这些外设连接。

● 输入口具备上拉或下拉能力。

● 具有外部中断能力。

CC2530 的所有 21 个 I/O 引脚均具有中断功能,可以通过外部事件来触发引脚的中断。此外,外部中断还可以用来唤醒进入休眠状态的 CC2530。

（3）GPIO 的操作

CC2530 的 GPIO 初始化需进行以下设置:

● 设置 GPIO 的功能,通用 I/O 或外设。

● 设置 GPIO 的方向,通过编程将 I/O 端口设置成输出方式或输入方式。

● 设置 GPIO 的输入模式,端口的输入模式有上拉、下拉和三态 3 种选择,可通过编程进行选择,能够适应多种不同的输入应用。

（4）GPIO 相关寄存器(以 P1 口为例)

在 CC2530 内部存储空间,有一些具有特殊功能的存储单元,这些存储单元用来存放控制 CC2530 内部器件的命令、数据或是运行过程中的一些状态信息。这些寄存器统称为特殊功能寄存器(SFR)。操作和对 CC2530 进行嵌入式编程的基础和本质就是对这些特殊功能寄存器进行读/写操作。每一个 SFR 实际上就是一个内存单元,而标识每个内存单元的是内存地址,不容易记忆。为了便于使用,每个特殊功能寄存器都会对应一个助记符。因此,需要在程序的最开始位置使用 include 指令包括头文件"ioCC2530.h",然后就可以直接使用寄存器的名称访问 SFR 了。表 5.1~5.4 是与 P1 口相关的一些寄存器及其功能描述。

（1）端口功能选择寄存器(P1SEL)

表 5.1　P1 口功能选择

位	名　称	复位值	读/写	描　述
7:0	SELP1_[7:0]	0x00	R/W	P1.7～P1.0 的功能选择。 0:通用 I/O(GPIO); 1:外设

（2）端口方向寄存器

表 5.2　P1 口方向选择

位	名　称	复位值	读/写	描　述
7:0	DIRP1_[7:0]	0x00	R/W	P1.7～P1.0 的方向选择。 0:输入; 1:输出

（3）端口输入模式寄存器

表 5.3　P1 口输入模式选择

位	名　称	复位值	读/写	描　述
7:2	MDPI_[7:0]	0000 00	R/W	P1.7～P1.2 的输入模式选择。 0:上拉或下拉; 1:三态
1:0	—	00	R0	保留

（4）端口寄存器(P1)

表 5.4　P1 口寄存器

位	名　称	复位值	读/写	描　述
7:0	P1_[7:0]	0xFF	R/W	P1 口为通用 I/O 口。SFR 可以位寻址

5. 实验原理及说明

使用 CC2530 控制的 LED 共有 6 个,其中 2 个为阳极控制,4 个为阴极控制,原理图如图 5.3 和图 5.4 所示。

LED1 和 LED2 为高电平驱动,即 CC2530 输出高电平,LED 点亮,输出低电平,LED 熄灭。LED3～LED6 为低电平驱动,即 CC2530 输出低电平,LED 点亮,输出高电平,LED 熄灭。LED 颜色、I/O 引脚、驱动方式的关系如表 5.5 所列。

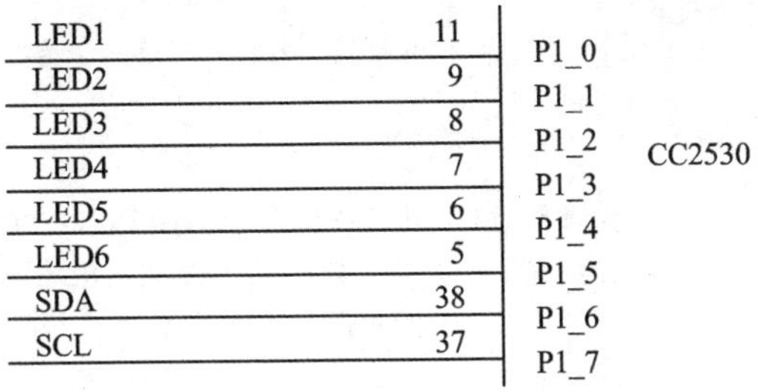

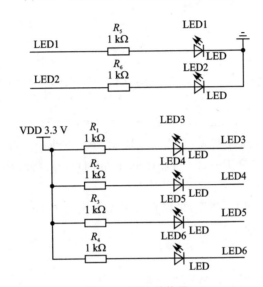

图 5.3 实验平台中的 CC2530 的 LED 接口

图 5.4 LED 结构图

表 5.5 LED 控制 I/O 及驱动方式说明

LED 名称	颜　色	控制 I/O	驱动方式
LED1	绿色	P1.0	高电平驱动
LED2	黄色	P1.1	高电平驱动
LED3	红色	P1.2	低电平驱动
LED4	红色	P1.3	低电平驱动
LED5	红色	P1.4	低电平驱动
LED6	红色	P1.5	低电平驱动

6. 核心源程序

实现点亮 LED1 功能的代码如下:

```
#include <ioCC2530.h>
#define LED1 P1_0      //定义与 LED1 相连的 I/O 口(P1 口的第 0 位)为 LED1
void main(void)
{
    P1SEL &= ~0X01;    //设置 P1 端口中的第 0 位为 0,即 P1_0 为普通 I/O 口。使用"&="
                       //对寄存器的某些位清 0 而不影响其他位
    P1DIR |= 0X01;     //设置 P1 端口中的第 0 位为 1,即 P1_0 为输出。使用"|="对寄
                       //存器的某些位置 1 而不影响其他位
    LED1 = 1;          //点亮灯
    while(1);          //一直执行,灯一直亮
}
```

7. 实验步骤

① 启动 IAR Embedded Workbench,在核心源代码的基础上,按照实验要求编写源代码。

② 选择 Project→Rebuild All 编译程序并生成可执行文件。连接好 CC Debugger 和目标板,打开目标板电源,按下 CC Debugger 的 Reset 键,此时 CC Debugger 的指示灯应为绿色,选择 Project→Download and Debug,将程序通过仿真器下载到传感节点模块上。

③ 单击 Go 按钮,运行程序,可以观察到无线模块上 LED1～LED6 的 6 个灯轮流闪烁。

8. 扩展实验

自行修改或编写程序,实现以下功能:

LED1 点亮→LED1 熄灭→LED2 点亮→LED2 熄灭→……→LED6 点亮→LED6 熄灭→全部点亮→全部熄灭,往复循环。

5.2 基于无线片上系统的外部中断实验

1. 实验目的

理解 CC2530 中断的概念,熟悉 CC2530 中断系统的结构,掌握 CC2530 中断控制方法,实现外部中断程序设计。

2. 实验内容

利用按键产生外部中断,触发 CC2530 执行中断服务子程序,实现 LED 灯的流水显示。在此基础上熟悉和总结 CC2530 外部中断的使用方法和编程规范。

3. 实验设备

① 装有 IAR 开发及调试环境的 PC。

② XBee/ZigBee 云测试无线网络实验开发平台。

③ CC Debugger 仿真器。

4. 基础知识

（1）中断的基本概念

中断是指由于某个随机事件的发生，处理器暂停现行程序的运行，转去执行另一程序，以处理刚发生的事件，处理完毕后又自动返回原来的程序继续运行。

- 引起中断的事件称为中断源。
- 现行运行的程序称为主程序。
- 随机事件的程序称为中断服务子程序或中断服务函数。
- 中断服务子程序的入口地址称为中断向量。每个中断源都对应一个固定的入口地址。当 CPU 响应中断请求时，就会暂停当前的程序执行，然后跳转到该入口地址执行代码。

（2）使用中断的好处

中断方式能让程序工作得更有效率，解决了高速 CPU 和低速外设的矛盾，中断是程序设计中颇有魅力之处。

（3）CC2530 的中断系统

CC2530 的 CPU 具有 18 个中断源，每个中断源都由相对应的特殊功能寄存器来进行控制。可以通过对 SFR 的编程来设置 18 个中断源的优先级、使能中断申请响应以及查询中断的响应情况等。

（4）CC2530 的外部中断设置方法（以 P0 为例）

CC2530 的 P0 端口的每个引脚都具有外部中断输入功能。如果要使某些引脚具有外部中断功能，就需要对相应的 IENx 寄存器、PxIEN 寄存器和 PICTL 寄存器进行的设置。除了各个中断源都有自己的中断使能开关之外，中断系统还有一个总开关，可以使用"EA = 1；"来打开总中断。

P0 端口使用 P0IF 作为中断标志位，任何一个引脚产生外部中断时，都会将对应的中断标志位自动置位。**注意**：响应外部中断后，必须在中断服务函数中手动清除中断标志位，否则 CPU 会反复进入中断。端口状态标志寄存器 P0IFG 对应端口中各引脚的中断触发状态，当某引脚发生外部中断触发时，对应的标志位会自动置位，这个标志同样需要手动清除。

（5）CC2530 的中断服务函数编程格式

中断服务函数与一般函数不同，有特定的编程格式。

① 在每一个中断服务函数之前，都要加上一句起始语句：

```
# pragma vector = <中断向量>
```

<中断向量>表示该中断服务函数是被哪个中断源触发的，有两种表达方法："# pragma vector = 0x6B"或者"# pragma vector = P0INT_VECTOR"。前者是

中断向量的入口地址,后者是头文件"ioCC2530.h"中的宏定义。

② __interrupt 关键字表示该函数是一个中断服务函数,<函数名称>需要自己定义,函数不能带有参数,也不能有返回值。

【例 5.1】 外部中断 P0 的中断服务函数。

```
# pragma vector = P0INT_VECTOR // P0INT_VECTOR 表示该服务程序由 P0 触发
__interrupt void P0_ISR(void)//P0_ISR 为编程者自己定义的函数名称
{;}
```

5. 实验原理及说明

外部中断一般是指由机器的外围设备所产生的中断,比如键盘、定时器等。每个中断源都有中断请求标志,可以通过设置 SFR 的中断来使能和禁止中断。当中断发生时,无论该中断是否使能,CPU 都会在中断标志位寄存器中进行设置,当中断使能时首先设置中断标志,然后在下一个指令周期运行中断服务程序。

本实验设置 CC2530 的外部中断在 P0.6 和 P0.7 引脚,同时设置中断触发方式(下降沿触发),如图 5.5 和图 5.6 所示。

编程思路如下:

- 主程序完成 P0 口初始化和中断初始化。
- 中断服务子程序完成中断响应和中断标志位的手动清除。

POWER_CHECK	15	P0_3
LIGHT_CONTROL	14	P0_4
		P0_5
B1/INT	13	P0_6
B2	12	P0_7

图 5.5 P0.6 和 P0.7 连接

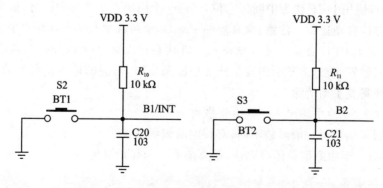

图 5.6 按键接口

6. 示例程序

```
# include <ioCC2530.h>
# define uchar unsigned char
# define uint unsigned int
void Init(void)              // 外部中断及 I/O 的初始化
{
    P1DIR = 0X3F;            // 0 为输入(默认),1 为输出
    P1 = 0X3C;               // 默认 LED 灭
    P0DIR &= ~0x3f;          // P0.6 和 P0.7 设置为输入,外部按键中断引脚
    P0INP &= ~0xc0;          // P0.6 和 P0.7 设置上拉模式
    P0IEN |= 0xC0;           // P0.7 和 P0.6 中断使能,P0 中断使能
    PICTL |= 0x01;           // P0.7 和 P0.6 下降沿触发中断
    EA = 1;                  //位操作,EA 是 IEN0 寄存器的第七位
    IEN1 |= 0x20;            // P0 口中断使能
    P0IFG &= ~0xc0;          // P0.7 和 P0.6 中断标志清 0
};
void main(void)             // 主函数
{
    Init();                 // I/O 及中断初始化
    while(1);               // 等待外部中断
}
void delay(void)            // 延时
{
    unsigned int i;
    unsigned char j;
    for(i = 0;i<1000;i++)
    {
        for(j = 0;j<200;j++)
        {
            asm("NOP");     // asm 用来在 C 代码中嵌入汇编语言操作,
            asm("NOP");     // 汇编命令 nop 是空操作,消耗 1 个指令周期。
            asm("NOP");
        }
    }
}
# pragma vector = P0INT_VECTOR          // 外部中断处理函数
__interrupt void P0_ISR(void)
{
    EA = 0;                 // 关中断
    if(P0IFG&0x80)          // 按键 7 中断
```

```
    {
        P0IFG = 0x00;          // 中断标志位手动清零
        P0IF = 0;              // 位操作,P0IF 是 IRCON 寄存器的第 5 位,清除标志位
        P1 = 0x3d;             // P1.0 = 1,  LED1 亮
        delay();               // 延时
        P1 = 0x3e;             // P1.1 = 1,  LED2 亮
        delay();               // 延时
        P1 = 0x38;             // P1.2 = 0,  LED3 亮
        delay();               // 延时
        P1 = 0x34;             // P1.3 = 0,  LED4 亮
        delay();               // 延时
        P1 = 0x2c;             // P1.4 = 0,  LED5 亮
        delay();               // 延时
        P1 = 0x1c;             // P1.5 = 0,  LED6 亮
        delay();               // 延时
        P1 = 0x3c;             // 全灭
        delay();               // 延时
    }
    if(P0IFG&0X40)             // 按键 6 中断
    {
        P0IFG = 0x00;          // 中断标志位手动清零
        P0IF = 0;              // 位操作,P0IF 是 IRCON 寄存器的第 5 位,清除标志位
        P1 = 0x1c;             // P1.5 = 0,  LED6 亮
        delay();               // 延时
        P1 = 0x2c;             // P1.4 = 0,  LED5 亮
        delay();               // 延时
        P1 = 0x34;             // P1.3 = 0,  LED4 亮
        delay();               // 延时
        P1 = 0x38;             // P1.2 = 0,  LED3 亮
        delay();               // 延时
        P1 = 0x3e;             // P1.1 = 1,  LED2 亮
        delay();               // 延时
        P1 = 0x3d;             // P1.0 = 1,  LED1 亮
        delay();               // 延时
        P1 = 0xc3;             // LED 全亮
        delay();               // 延时
    }
    P0IFG = 0x00;              // 中断标志位手动清零
    P0IF = 0;                  // 位操作,P0IF 是 IRCON 寄存器的第 5 位,清除标志位
    EA = 1;                    // 重新打开中断
}
```

7. 实验步骤

① 启动 IAR Embedded Workbench,输入示例程序,理解程序运行原理。

② 选择 Project→Rebuild All 编译程序并生成可执行文件。连接好 CC Debugger 和目标板,打开目标板电源,按下 CC Debugger 的 Reset 键,此时 CC Debugger 的指示灯应为绿色,选择 Project→Download and Debug,将程序通过仿真器下载到传感节点模块上。

③ 单击 Go 按钮,运行程序,按下 BT1 或 BT2 按键,观察触发外部中断后 LED 流水灯的状态。

5.3 基于无线片上系统的定时器实验

1. 实验目的

学习使用 CC2530 的计数器/定时器 1,掌握 CC2530 定时器 1 的定时时间设置方法和中断处理方式。

2. 实验内容

① 使用定时器中断的方式控制 6 个灯轮流闪烁。

② 熟悉和总结 CC2530 定时器 1 的使用方法和编程规范。

3. 实验设备

① 装有 IAR 开发及调试环境的 PC。

② XBee/ZigBee 云测试无线网络实验开发平台。

③ CC Debugger 仿真器。

4. 基础知识

(1) 实现定时的方法

1) 软件定时

软件延时不占用硬件资源,但占用了 CPU 时间,降低了 CPU 的利用率。例如软件延时程序,在延时过程中 CPU 通过执行循环指令来消耗时间,在整个延时过程中会一直占用 CPU,大大降低了 CPU 的工作效率。

2) 时基电路定时

例如采用 555 电路,外接必要的元器件(电阻和电容),即可构成硬件定时电路。但在硬件连接好以后,定时值与定时范围不能由软件进行控制和修改,即不可编程,且定时时间容易漂移。

3) 可编程定时器定时

最方便的办法是利用处理器内部的定时器/计数器单元,完全靠硬件进行定时,在定时过程中 CPU 可以去执行其他工作任务,不占用 CPU 资源。

(2) 定时器/计数器的基本概念

定时器/计数器,是一种能够对内部时钟信号或外部输入信号进行计数,当计数值达到设定要求时,向 CPU 提出中断处理请求,从而实现定时或者计数功能的外设。

计数信号的来源可以是周期性的内部时钟信号(此时称为定时器),也可以是非周期性的外界输入信号(此时称为计数器)。

定时器/计数器的本质都是对计数信号进行计数。因此,不管是定时器还是计数器,实际上都是计数器。它可以进行加 1(减 1)计数,每出现一个计数信号,计数器就会自动加 1(自动减 1),当计数值从 0 变成最大值/设置值溢出时(或从最大值/设置值变成 0),定时器/计数器就会向 CPU 提出中断请求。在 CPU 响应中断后就会进入响应的中断服务子程序,完成特定的功能。

(3) 定时器/计数器的基本功能

1) 定时功能

对输入信号的个数进行计数,当计数值达到设置值时,说明定时时间已到。可实现延时或定时功能,其输入信号一般使用内部时钟信号。

2) 计数功能

对输入信号的个数进行计数,一般用来对外界事件进行计数,其输入信号一般来自处理器外部。

3) 输入捕获功能

在定时器启动后,任意输入信号的上升沿、下降沿或者边沿都将触发捕获。通过计算外界输入信号在上升沿和下降沿两次捕获时定时器寄存器的差值,得到输入信号的脉冲宽度或信号频率等信息。

4) 输出比较功能

当计数值与设定的比较值相同时,向 CPU 提出中断请求的操作,实现相应的I/O 口清零(reset)、置位或者反转(toggled)。

(4) CC2530 的定时器/计数器功能(以定时器 1 为例)

定时器 1 是一个 16 位定时器,是 CC2530 中功能最强大的一个定时器/计数器,主要具有以下功能:

- 5 个独立的捕获/比较通道。
- 支持输入捕获功能,可选择上升沿、下降沿或任何边沿进行输入捕获。
- 支持输出比较功能,输出可选择设置、清除或反转。
- 支持 PWM 功能。
- 具有 Free Running、Modulo、Up-and-Down 三种不同工作模式。
- 具有 1、8、32 和 128 的时钟分频器,为计数器提供不同的计数信号。
- 能在捕获、比较和计数时产生中断请求。
- DMA 触发功能。

（5）CC2530 的定时器/计数器工作模式（以定时器 1 为例）

定时器 1 具有以下三种工作模式：

① Free Running 模式,计数器从 0x0000 开始,在每个时钟边沿增加 1,当计数器达到 0xFFFF 时溢出,计数器重新载入 0x0000 并开始新的递增计数。当达到最终计数值 0xFFFF 时,标志位 T1IF 和 OVFIF 被置位。Free Running 模式工作原理图如图 5.7 所示。

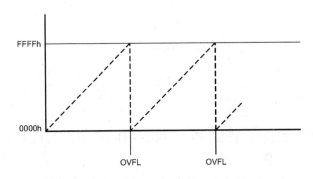

图 5.7　Free Running 模式工作原理图

② Modulo 模式,计数器从 0x0000 开始,在每个时钟边沿增加 1,当计数器达到 T1CC0 寄存器设定的值时溢出,标志位 T1IF 和 OVFIF 被置位,计数器又将从 0x0000 开始新的递增计数,计数长度可由用户自行设定。Modulo 模式工作原理图如图 5.8 所示。

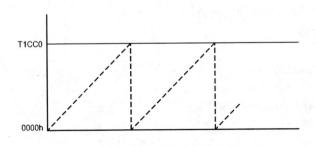

图 5.8　Modulo 模式工作原理图

③ Up-and-Down 模式:计数器反复从 0x0000 开始,正计数到 TICC0 设定计数值,然后再倒计数回 0x0000,当达到最终计数值时,标志位 T1IF 和 OVFIF 被置位。该模式可以用来产生中心对齐(center-aligned)PWM 输出。Up-and-Down 模式工作原理如图 5.9 所示。

5. 实验原理及说明

CC2530 的定时器 1 是一个独立的 16 位定时器,支持典型的定时器/计数器功能,比如输入捕获,输出比较和 PWM 功能。定时器在控制和测量领域应用广泛,正

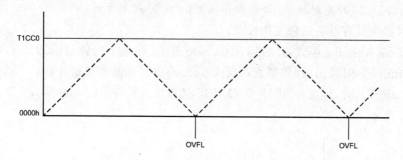

图 5.9　Up-and-Down 模式工作原理

计数/倒计数模式对诸如电机控制等有着精确计数需求的应用非常有用。本实验通过定时器 1 的 modulo 工作方式控制 6 个 LED 灯闪烁。

（1）设置定时器 1 的最大计数值

在使用定时器 1 的定时功能时，使用 T1CC0H 和 T1CC0L 两个寄存器存放最大计数值的高 8 位和低 8 位。

$$最大计数值 = 定时时长/定时器计数周期$$

【例 5.2】　系统时钟为 32 MHz，分频系数为 8，定时 0.1 s，最大计数值为

$$最大计数值 = 0.1/(8/32M) = 400\,000 = 0x9C40$$

（2）定时器初始化函数设计

设置分频系数和工作模式，T1CTL 和 T1CCTL0 寄存器。

将定时器 1 的最大计数值写入 T1CC0H 和 T1CC0L。

使能定时器中断，并启动定时器。

6. 示例程序

```
# include <ioCC2530.h>
# define uint    unsigned    int
# define uchar   unsigned    char
# define GREEN   P1_0         // 定义 LED1 为 P10 口控制
# define YELLOW  P1_1         // 定义 LED2 为 P11 口控制
# define RED_3   P1_2         // 定义 LED3 为 P12 口控制
# define RED_4   P1_3         // 定义 LED4 为 P13 口控制
# define RED_5   P1_4         // 定义 LED5 为 P14 口控制
# define RED_6   P1_5         // 定义 LED6 为 P15 口控制
void initTIME1(void);         // 初始化函数声明
void InitIO(void);            // 初始化函数声明
void INIT_TMER1(void);        // 初始化函数声明
void InitIO(void)             // 初始化 I/O 口
{
```

```
    P1DIR |= 0X3F;          // P10、P11、P12、P13、P14、P15 定义为输出
    GREEN  = 0;             // GREEN、YELLOW 高电平有效
    YELLOW = 0;
    RED_3  = 1;             // RED_3、RED_4、RED_5、RED_6 低电平有效
    RED_4  = 1;
    RED_5  = 1;
    RED_6  = 1;
}
void initTIME1(void)        // 初始化定时器
{
    T1CTL = 0x06;           // 8 分频，  0x0000 ->T1CC0 Modulo 模式
    T1CCTL0 = 0x44;         // 开启通道 0 中断，通道 0 为比较模式
    T1CC0H = 0xfa;          // 设置定时器初始值
    T1CC0L = 0xfa;
    T1IE = 1;               // 开启定时器总中断
    EA = 1;                 // 总中断使能
}
int main(void)              // 主函数
{
    CLKCONCMD &= ~0x40;          // 设置系统时钟源为 32 MHz 晶振
    while(CLKCONSTA & 0x40);     // 等待晶振稳定
    CLKCONCMD &= ~0x47;          // system clock：32 MHz, timer ticks：16MHz
    InitIO();                    // I/O 初始化
    initTIME1();                 // 定时器初始化
    while(1);
}
#pragma vector = T1_VECTOR       // 定时中断函数
__interrupt void TIME1_ISR(void) // 6 个 LED 定时闪烁
{
    GREEN =! GREEN;
    YELLOW =! YELLOW;
    RED_3 =! RED_3;
    RED_4 =! RED_4;
    RED_5 =! RED_5;
    RED_6 =! RED_6;
}
```

7. 实验步骤

① 启动 IAR Embedded Workbench,输入示例程序,理解程序运行原理。

② 选择 Project→Rebuild All 编译程序并生成可执行文件。连接好 CC Debugger 和目标板,打开目标板电源,按下 CC Debugger 的 Reset 键,此时 CC Debugger

的指示灯应为绿色,选择 Project→Download and Debug,将程序通过仿真器下载到传感节点模块上。

③ 单击 Go 按钮,运行程序,可以观察到无线模块上 6 个 LED 灯在有规律地闪烁(快速或慢速)。

5.4　基于无线片上系统的串口通信实验

1. 实验目的

学习使用 CC2530 的串口通信功能,完成 CC2530 和上位计算机的串口通信。

2. 实验内容

通过编写 CC2530 的串口通信程序,基于 RS232 总线,实现 CC2530 和计算机的双向通信。

3. 实验设备

① 装有 IAR 开发及调试环境的 PC。

② XBee/ZigBee 云测试无线网络实验开发平台。

③ CC Debugger 仿真器。

④ USB 转 RS232 线缆。

4. 基础知识

（1）串口通信

微控制器与外设之间的数据通信,根据 CPU 与外设之间的连线结构和数据传送方式的不同,可以将通信方式分为两种:并行通信和串行通信。

并行通信是指通信数据的各位同时发送或接收,每个数据位使用单独的一条导线,有多少位数据需要传送就需要有多少条数据线。并行通信的特点是各位数据同时传送,传送速度快效率高;但并行数据传送需要较多的数据线,因此传送成本高,可靠性较差,一般适用于短距离高速数据通信,多用于计算机内部的数据传送。

串行通信是指数据一位一位地顺序发送或接收。串行通信的特点是数据按位顺序进行传输,最少只需一根数据传输线即可完成,传输成本低,传送数据速度慢,一般用于较长距离的数据传送。

串行通信又可分同步串行通信(synchronous serial communication)和异步串行通信(asynchronous serial communication)两种方式。

1）同步串行通信

同步串行通信中,所有设备使用同一个时钟,以数据块为单位传送数据,每个数据块包括同步字符、数据块和校验字符。同步字符位于数据块的开头,用于确认数据字符的开始;接收时,接收设备连续不断地对传输线采样,并把接收到的字符与双方约定的同步字符进行比较,只有比较成功后才会把后面接收到的字符加以存储。

同步通信的优点是数据传输速率高,缺点是要求发送时钟和接收时钟保持严格同步。在数据传送开始时先用同步字符来指示,同时传送时钟信号来实现发送端和接收端同步,即检测到规定的同步字符后,接着就连续按顺序传送数据。这种传送方式对硬件结构要求较高。

2）异步串行通信

异步串行通信中,每个设备都有自己的时钟信号,通信中双方的时钟频率保持一致。异步通信以字符为单位进行数据传送,每一个字符均按照固定的格式传送,又称为帧,即异步串行通信一次传送一个帧。

（2）串行通信接口的分类

串行接口通常分为两类:串行通信接口和串行扩展接口。

串行通信接口是指设备之间的互联接口,它们之间的距离比较长,如 PC 的 COM 口和 USB 口等。

串行扩展接口是指设备内部器件之间的互联接口,属于板级通信接口,常用的有 SPI、I^2C 等。

（3）RS232 通信接口

RS232 接口是个人计算机上的通信接口之一,是由电子工业协会（Electronic Industries Association,EIA）所制定的异步传输标准接口。其在计算机上一般表示为 COM 口,与 TTL 电平不同的是,计算机上的 RS232 采用负逻辑电平（如图 5.10 所示）,规定 -3～-25 V 为逻辑"1",+3～+25 V 为逻辑"0",-3～+3 V 是未定义的过渡区。这种电平的优点是增强了信号传输时抗干扰的能力,适用于较远距离的串行通信。但是,由于其电平与 CC2530 采用的 TTL 电平不兼容,因此如果需要实现 CC2530 和计算机的串口通信,则需要在两者间增加电平转换电路（如 MAX3232 芯片）,以实现将 TTL 电平和 RS232 电平的转换。计算机上的 RS232 连接器有 25 针（DB25）和 9 针（DB9）两类,目前 9 针的 RS232 接口更为常见,如图 5.11 所示。DB9 型接口中,引脚 2 被定义为 RXD（Received Data）,引脚 3 被定义为 TXD（Transmitted Data）,引脚 5 是 GND。对于一般双工通信,仅需 3 条信号线就可实现,如一条 TXD、一条 RXD 以及一条 GND。

（4）计算机与 MCU 的串口通信连接方式

当上位计算机和 CC2530 进行通信时,由于二者电平不兼容,因此需要在二者间增加电平转换电路,常见的芯片有 MAX232（5 V TTL 电平转 RS232 电平）、MAX3232（3.3 V TTL 电平转 RS232 电平）等。具体的通信连接方式如图 5.12 所示。

（5）CC2530 的串行通信接口

CC2530 具有两个串行通信接口 USART0 和 USART1,它们既支持异步 UART 模式也支持同步 SPI 模式。两个 USART 具有完全相同的功能,可以设置在单独的 I/O 引脚上。

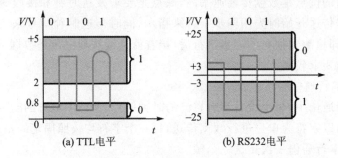

图 5.10　不同类型的 RS232 接口

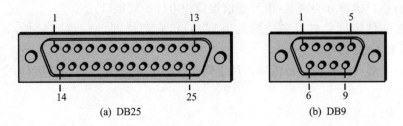

图 5.11　不同类型的 RS232 连接器

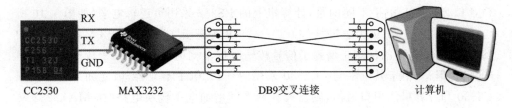

图 5.12　不同类型的 RS232 连接器

通过 PERCFG 寄存器可以设置两个 USART 接口对应外部 I/O 引脚的映射关系。

● 位置 1(alternative 1 location)：RX0 设置在 P0_2 上，TX0 设置在 P0_3 上，RX1 设置在 P0_5 上，TX1 设置在 P0_4 上。

● 位置 2(alternative 2 location)：RX0 设置在 P1_4 上，TX0 设置在 P1_5 上，RX1 设置在 P1_7 上，TX1 设置在 P1_6 上。

对 USART 串口通信编程，需要设置相关的 5 个寄存器，如下：

● UxCSR,USARTx 的控制和状态寄存器。

● UxUCR,USARTx 的 UART 控制寄存器。

● UxGCR,USARTx 的通用控制寄存器。

● UxDBUF,USARTx 的接收/发送数据缓冲寄存器。

● UxBAUD,USARTx 的波特率控制寄存器。

5．实验原理及说明

UART 模式提供异步串行接口，在 UART 模式中，接口使用 2 线或者含有 RXD、TXD、RTS 和 CTS 的 4 线。

UART 操作由 USART 控制和状态寄存器 UxCSR 以及 UART 控制寄存器 UxUCR 来控制。这里的 x 是 USART 的编号，其数值为 0 或者 1。当 UxCSR.MODE 设置为 1 时，就选择 UART；当 USART 接收/发送数据缓冲器、寄存器 UxBUF 写入数据时，该字节发送到输出引脚 TXDx。UxBUF 寄存器是双缓冲的。

当字节传送开始时，UxCSR.ACTIVE 位设置为 1；而当字节传送结束时 UxCSR.ACTIVE 位清 0。当传送结束时，UxCSR.TX ＿ BYTE 位设置为 1。当 USART 接收/发送数据缓冲寄存器就绪，准备接收新的发送数据时，就产生了一个中断请求。该中断在传送开始之后立刻发生。因此，当字节正在发送时，新的字节能够装入数据缓冲器。

当 1 写入 UxCSR.RE 位时，UART 就开始接收数据了。然后 UART 会在输入引脚 RXDx 中寻找有效起始位，并设置 UxCSR.ACTIVE 位为 1。当检测出有效起始位时，收到的字节就传入接收寄存器，UxCSR.RX_BYTE 位设置为 1。该操作完成时，产生接收中断。通过寄存器 UxBUF 提供接收到的数据字节。当 UxBUF 读出时，UxCSR.RX_BYTE 位由硬件清 0。

6．示例程序

```
#include <ioCC2530.h>
#include <string.h>
#define   uint   unsigned int
#define   uchar unsigned char
#define GREEN  P1_0       // 定义 LED1 为 P10 口控制
#define YELLOW   P1_1     // 定义 LED2 为 P11 口控制(可能是蓝色的 LED)
#define RED_3  P1_2       // 定义 LED3 为 P12 口控制
#define RED_4  P1_3       // 定义 LED4 为 P13 口控制
#define RED_5  P1_4       // 定义 LED5 为 P14 口控制
#define RED_6  P1_5       // 定义 LED6 为 P15 口控制
uchar NEXT_LINE [] = {0X0A,0X0D};
uchar RECEIVE_TEMP = '';   // 接收缓存
void Delay(uint);
void InitIO(void);
void INIT_UART(void);
void UartTX_Send_String(uchar * Data,uchar len);
void Delay(uint n)
{
  uint i;
```

```
      for(i = 0;i < n;i++);
      for(i = 0;i < n;i++);
      for(i = 0;i < n;i++);
      for(i = 0;i < n;i++);
      for(i = 0;i < n;i++);
   }
   void InitIO(void)
   {
      P1DIR |= 0X3F;          // P10、P11、P12、P13、P14、P15 定义为输出
      GREEN  = 0;             // GREEN、YELLOW 高电平有效
      YELLOW = 0;
      RED_3  = 1;             // RED_3、RED_4、RED_5、RED_6 低电平有效
      RED_4  = 1;
      RED_5  = 1;
      RED_6  = 1;
   }
   void INIT_UART(void)
   {
      CLKCONCMD &= ~0x40;     // 设置系统时钟源为 32 MHz 晶振
      while(CLKCONSTA & 0x40);// 等待晶振稳定
      CLKCONCMD &= ~0x47;     // 设置系统主时钟频率为 32 MHz
      PERCFG = 0x00;          // 外设控制寄存器置 0
      P0SEL = 0x3c;           // P0 用作串口
      U0CSR |= 0x80;          // UART 方式
      U0GCR |= 11;            // baud_e = 11;
      U0BAUD |= 216;          // 波特率设为 115 200
      UTX0IF = 0;             // UART0 TX 中断标志清零
      U0CSR |= 0X40;          // 允许接收
      IEN0 |= 0x84;           // 总中断使能,UART0 接收中断使能
   }
   void UartTX_Send_String(uchar * Data,uchar len)     // 串口向上位机发送字符串
   {
      uchar j;
      for(j = 0;j < len;j++)
      {
        U0DBUF = * Data++;
        while(UTX0IF == 0);
        UTX0IF = 0;
      }
   }
   void main(void)
   {
```

```
INIT_UART();

InitIO();

while(1)

{

  UartTX_Send_String("Welcome,Beihang \r\n" ,sizeof("Welcome,Beihang\r\n"));

  UartTX_Send_String("Please enter the 'u/U' 'd/D' or 's/S'\r\n" ,sizeof("Please enter

                    the 'u/U' 'd/D'and 's/S'\r\n"));

  if (RECEIVE_TEMP == 'U' || RECEIVE_TEMP == 'u') // 接收到 'U' 或者 'u'

  {

    UartTX_Send_String("LED6 ->LED1" ,sizeof("LED6 ->LED1"));

    UartTX_Send_String(NEXT_LINE ,2);

    RED_6 =! RED_6;

    Delay(10000);

    RED_5 =! RED_5;

    Delay(10000);

    RED_4 =! RED_4;

    Delay(10000);

    RED_3 =! RED_3;

    Delay(10000);

    YELLOW =! YELLOW;

    Delay(10000);

    GREEN =! GREEN;

    Delay(10000);

    P0IFG = 0x00;

  }

    if (RECEIVE_TEMP == 'D' || RECEIVE_TEMP == 'd')      // 接收到 'D' 或者 'd'

    {

    UartTX_Send_String("LED1 ->LED6" ,sizeof("LED1 ->LED6"));

    UartTX_Send_String(NEXT_LINE ,2);

    GREEN =! GREEN;

    Delay(10000);

    YELLOW =! YELLOW;

    Delay(10000);

    RED_3 =! RED_3;

    Delay(10000);

    RED_4 =! RED_4;

    Delay(10000);
```

```
    RED_5 =! RED_5;

    Delay(10000);

    RED_6 =! RED_6;

    Delay(10000);

    }

if (RECEIVE_TEMP == 's' || RECEIVE_TEMP == 'S')        // 停止 LED

    {

    URX0IF = 0;                    // 清除 UART0 接收完成中断标志

    P1 = 0X3C;

    Delay(10000);

    }

}

#pragma vector = URX0_VECTOR    // UART0 串口接收中断服务子程序

__interrupt void UART0_ISR(void)

(

    URX0IF = 0;                    // 清除 UART0 接收完成中断标志

    RECEIVE_TEMP = U0DBUF;

    UartTX_Send_String("receive over" ,sizeof("receive over"));

    UartTX_Send_String(NEXT_LINE ,2);

}
```

7. 实验步骤

① 启动 IAR Embedded Workbench,按照示例程序完成源代码的编辑。

② 阅读源程序,理解程序运行原理。

③ 将 USB 转串口连接线(A 型转 B 型)一端连在 PC 上,另一端连在目标板上。串口线与目标板连接方式如图 5.13 所示。

④ 选择 Project→Rebuild All 编译程序并生成可执行文件。连接好 CC Debugger 和目标板,打开目标板电源,按下 CC Debugger 的 Reset 键,此时 CC Debugger 的指示灯应为绿色,选择 Project→Download and Debug,将程序通过仿真器下载到传感节点模块上。

⑤ 单击 Go 按钮,运行程序。

⑥ 打开串口调试工具,相关配置如图 5.14 所示。串口号按实际计算机分配选择,其他参数设置为,波特率:115 200;校验位:NONE;数据位:8;停止位:1 位。

其中串口号的选择请右击“我的电脑”选择“管理”→“设备”→“端口”,如图 5.15 所示。

⑦ 在“发送的字符/数据”中写入“u/U”,单击“自动发送”按钮,可以观察到显示出“LED6→LED1”,目标板实现 LED6→LED1 流水,若发送“d/D”,则实现 LED1→

图 5.13　串口线与目标板连接方式

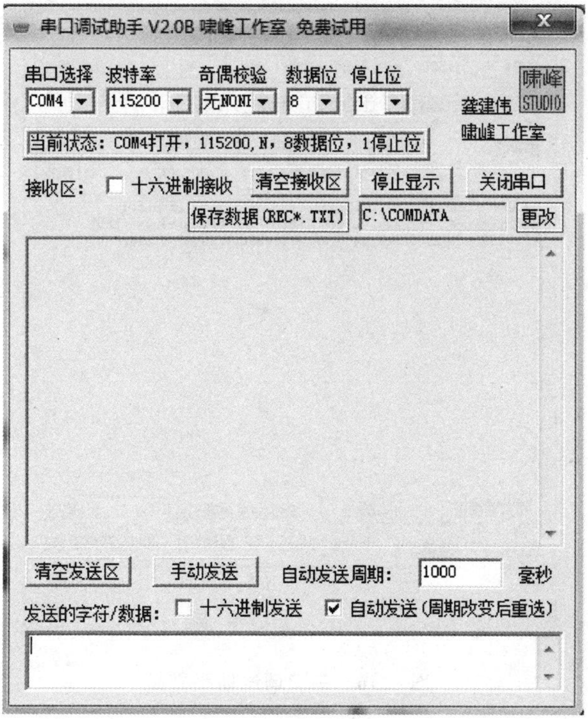

图 5.14　串口调试助手

图 5.15　端口号的查询

LED6 流水；若发送"s/S"，则实现停止，如图 5.16 所示。

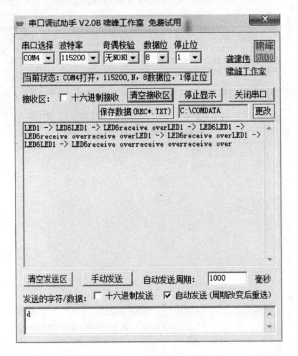

图 5.16　串口调试助手界面

5.5 基于无线片上系统的 A/D 实验

1. 实验目的

通过本实验,掌握 CC2530 的 A/D 转换器工作原理和设置方法。

2. 实验内容

编写程序,实现对电源电压的 A/D 转换,并将转换结果发送到上位机进行显示,在此基础上结合预备知识和实验原理部分熟悉和总结 CC2530 单片机 A/D 转换的使用方法和编程规范。

3. 实验设备

① 装有 IAR 开发及调试环境的 PC。
② XBee/ZigBee 云测试无线网络实验开发平台。
③ CC Debugger 仿真器。
④ USB 转 RS232 线缆。

4. 基础知识

CC2530 的 ADC 模块支持最高 14 位二进制的模拟/数字转换,具有 12 位的有效数据位(ENOB,Effective Number of Bits)。CC2530 的 ADC 模块包括一个模拟多路转换器(multiplexer),具有 8 个各自可配置的通道,一个片上温度传感器输入,具备电池容量测量的能力,以及一个参考电压发生器。A/D 转换结果可以通过 DMA 方式写入存储器中。CC2530 的 ADC 结构图如图 5.17 所示。

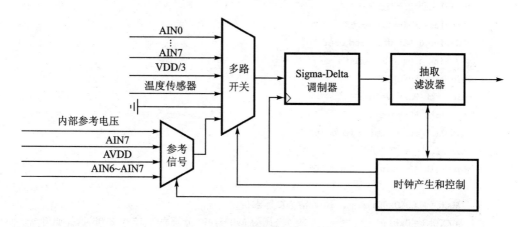

图 5.17 CC2530 的 ADC 结构图

端口 0 引脚可以配置为 ADC 输入端,依次为 AIN0～AIN7,也可以把输入配置为单端输入或差分输入。当设置为差分输入时,AIN0 和 AIN1 为一对,AIN2 和

AIN3 为一对,AIN4 和 AIN5 为一对,AIN6 和 AIN7 为一对。片上温度传感器的输出也可以作为 ADC 的输入,用于测量芯片的温度。同时,也可以将一个对应 AVDD5/3 的电压作为 ADC 输入,实现对电池电压的监测。负电压和大于 VDD 的电压都不能用于这些引脚。单端电压输入 AIN0～AIN7,分别用通道号码 0～7 表示;通道号码 8～11 分别对应 4 个差分输入对;通道 12 代表 GND,通道 14 为温度传感器;通道 15 为 AVDD5/3 电压输入,通道 13 保留。

5. 实验原理及说明

当使用 ADC 时,端口 0 的引脚必须配置为 ADC 模拟输入。要将端口 0 的一个引脚设置为 ADC 输入,则 APCFG 寄存器中相应的位必须置为 1。这个寄存器的默认值是 0,如果选择设置为 0 即表示为非模拟输入,即作为普通数字 I/O 端口。其中,APCFG 寄存器的设置将覆盖 P0SEL 的设置。

完成单通道的 ADC 转换,需将相应的控制字写入 ADCCON3 寄存器。

ADC 初始化主要包括对端口的功能进行选择,设置其传输方向,并将端口设置为模拟输入。

ADC 数据采集过程为:首先对 ADCCON3 寄存器进行设置,然后对 ADCCON1 进行中的 ST 位置 1,启动 A/D;查询 ADCCON1 中的 EOC 位,如果该位被置 1,则表示 A/D 转换结束;可以在 ADCH 和 ADCL 中读取 A/D 转换结果(ADCL 为低字节,ADCH 为高字节,ADCL 的 0 和 1 位一直为 0),读取 ADCH 后,ADCCON1 中的 EOC 位将会被清零。

6. 示例程序

```c
#include <stdio.h>
#include <ioCC2530.h>
#define uchar unsigned char
#define uint   unsigned int
void Delay(uint);
void init_Uart(void);
void init_AD(void);
void Uart_Send(char * Data,int len);
char data[] = "0.00V";
void init_AD(void)//初始化 ADC
{
  ADCH = ADCH&0x00;            // 清 EOC 标志位
  ADCCON3 = 0xB1;              // 参考电压为 AVDD5,ADC 分辨率为 12 位 ENOB,选择通道 1
  ADCCON1 = ADCCON1|0x40;   // 启动 A/D
}
void init_Uart(void)         // 初始化串口
{
```

```
    CLKCONCMD & = ~0x40;                // 设置系统时钟源为 32 MHz 晶振
    while(CLKCONSTA & 0x40);            // 等待晶振稳定
    CLKCONCMD & = ~0x47;                // 设置系统主时钟频率为 32 MHz
    PERCFG = 0x00;                      // 外设控制寄存器复位
    P0SEL = 0xFF;                       // 将 P0 口设为外设(串口)
    U0CSR | = 0x80;                     // 设置为 UART 模式
    U0GCR | = 11;                       // baud_e = 11;
    U0BAUD | = 216;                     // 波特率设为 115 200
    UTX0IF = 1;                         // 发送完成标志位设初始值
    U0CSR | = 0X40;                     // 允许接收
}
void Uart_Send(char * Data,int len)    // 串口发送函数

{
  int i;
  for(i = 0;i<len;i + + )
  {
    U0DBUF = * Data + + ;
    while(UTX0IF = = 0);
    UTX0IF = 0;
  }
}
void Delay(uint n)                      // 延时
{
    uint i,j;
    for(j = 0;j<5000;j + + )
    {
        for(i = 0;i<n;i + + );
    }
}
void main(void)                        // 主函数
{
  uint i,j;
  init_Uart();
  init_AD();
  float volt;
  char temp[2];
  while(1)
{
    init_AD();
    for(i = 0;i<65535;i + + )
    {
```

```
        for(j = 0;j<65535;j++)
        {
            if(ADCCON1>= 0x80)
            {
                break;
            }
        }
        if(ADCCON1>= 0x80)
        {
            break;
        }
    }
if(ADCCON1>= 0x80)
    {
    temp[1] = ADCL;
    temp[0] = ADCH;
    temp[1] = temp[1]>>2;                      // 低位的数据右移两位
    volt = (temp[0] * 64 + temp[1]) * 3.3/8192;  // 除以 2 的 13 次方
    data[0] = (char)(volt) % 10 + 48;
    data[2] = (char)(volt * 10) % 10 + 48;
    data[3] = (char)(volt * 100) % 10 + 48;
    data[5] = '\n';
    Uart_Send(data,6);                         // 串口送数
    Delay(200);
    }
    }
}
```

7. 实验步骤

① 启动 IAR Embedded Workbench,按照示例程序完成源代码的编辑。

② 阅读源程序,理解程序运行原理。

③ 将 USB 线(A 型转 B 型)一端连在 PC 上,另一端连在目标板上。**注意**:跳线 JP3、JP4 的连接为 2430 - TX 连接 COM_RX,2430 - RX 连接 COM_TX。

④ 选择 Project→Rebuild All 编译程序并生成可执行文件。连接好 CC Debugger 和目标板,打开目标板电源,按下 CC Debugger 的 Reset 键,此时 CC Debugger 的指示灯应为绿色,选择 Project→Download and Debug,将程序通过仿真器下载到模块上。

⑤ 单击 Go 按钮,运行程序。

⑥ 打开串口调试工具,串口号按实际计算机分配选择,波特率:115 200;校验位:NONE;数据位:8;停止位:1 位。

⑦ 其中串口号的选择请右击"我的电脑"选择"管理"→"设备"→"端口"。

⑧ 通过上位机的串口调试助手,观察实验现象。

5.6 基于无线片上系统的光强测量实验

1. 实验目的

① 学习使用 CC2530 采集外部光强信号。

② 掌握针对光强传感器的编程方法。

2. 实验内容

使用 CC2530 及光强传感器模块采集外部光强度信号,并进行模/数转换,通过串口显示采集的数据。通过本实验掌握光强传感器的使用,同时复习和进一步熟悉对 CC2530 单片机关于 A/D 转换和串口通信的编程。

3. 实验设备

① 装有 IAR 开发及调试环境的 PC。

② XBee/ZigBee 云测试无线网络实验开发平台。

③ CC Debugger 仿真器。

④ USB 转 RS232 线缆。

4. 基础知识

光强传感器是通过将光照强度转换为电信号的变化来实现的。光电二极管是比较常用的光强传感器,它的管壳上有一个内嵌的玻璃窗口便于采集光线。本实验采用 BPW34S 光强传感器,如图 5.18 所示。

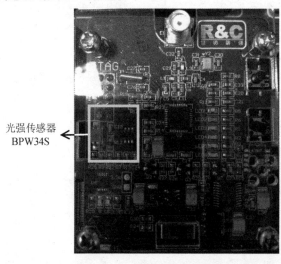

光强传感器
BPW34S

图 5.18 BPW34S 光强传感器

当没有光照时,它与普通二极管一样,反向电流很小;当有光照时,载流子被激发,在外电场的作用下载流子参与导电,形成较大的反向电流,即光电流,且与光照强度成正比,从而得到随光照强度变化而变化的电信号。

5. 示例程序

```
# include <ioCC2530.h>
# include <string.h>
#define  uint  unsigned int
#define  uchar unsigned char
#define LIGHT P0_5      // 定义控制光照传感器的端口(控制光强传感器电源)
uchar NEXT_LINE [] = {0X0A,0X0D};
void Delay(uint);
void INIT_UART(void);
void UartTX_Send_String(uchar * Data,uchar len);
void UartTX_Send_LIGHT_SENSOR(void);
int READ_LIGHT_SENSOR(void);
void Delay(uint n)
{
  uint i;
  for(i = 0;i < n;i++);
  for(i = 0;i < n;i++);
  for(i = 0;i < n;i++);
  for(i = 0;i < n;i++);
  for(i = 0;i < n;i++);
}
void INIT_UART(void)
{
  CLKCONCMD &= ~0x40;        // 设置系统时钟源为 32 MHz 晶振
  while(CLKCONSTA & 0x40);   // 等待晶振稳定
  CLKCONCMD &= ~0x47;        // 设置系统主时钟频率为 32 MHz
  PERCFG = 0x00;             // 置 0
  P0SEL |= 0x3c;             // P0 用作串口
  U0CSR |= 0x80;             // UART 方式
  U0GCR |= 11;               // baud_e = 11;
  U0BAUD |= 216;             // 波特率设为 115 200
  UTX0IF = 0;                // UART0 TX 中断标志清零
}
void UartTX_Send_String(uchar * Data,uchar len)
{
  uchar j;
  for(j = 0;j < len;j++)
```

```
{
    U0DBUF = * Data++;
    while(UTX0IF == 0);
    UTX0IF = 0;
  }
}
int READ_LIGHT_SENSOR(void)              // 光强数据的采集
{
  uint i,j;
  uchar tempa[2];
  float num = 0.0;
  // 初始化电源控制 I/O,使能光照传感器
  P0SEL &= ~0X20;
  P0DIR |= 0X20;
  LIGHT = 1;

  ADCCFG |= 0X03;      // 设置 P0_0 和 P0_1 为 A/D 输入,其中 P0_0 为光强传感器输入
  ADCCON1 = 0X30;      // 停止 A/D
  ADCCON1 |= 0X40;     // 启动 A/D
  ADCH &= 0X00;        // 清 EOC 标志
  ADCCON2 = 0xB0;      // 10 位分辨率
  ADCCON3 = 0xB0;      // 10 位分辨率

  // Wait for the conversion to finish
  for(i = 0;i < 65535;i++)
  {
    for(j = 0;j < 65535;j++)
    {
      if(ADCCON1 >= 0x80)
      {
        break;
      }
    }
    if(ADCCON1 >= 0x80)
    {
      break;
    }
  }
  if(ADCCON1 >= 0x80)
  {
    tempa[1] = ADCL;
```

```
    tempa[0] = ADCH;
    tempa[1] = tempa[1] >> 2;
    num = (tempa[0] * 256 + tempa[1]) * 3.3 / 8192;    // 有一位符号位,取 2^13;
    num /= 4;
    num = num * 913;
  }
  tempa[1] = (int)(num * 10) % 10;
  if( tempa[1] > 4)
  {
    num = num + 1;
  }
  else
  {
    num = num;
  }
  return (int)num;
}
void UartTX_Send_LIGHT_SENSOR(void)
{
  int temp1;
  temp1 = READ_LIGHT_SENSOR();
  UartTX_Send_String("LIGHT: " ,sizeof("LIGHT: "));
  U0DBUF = temp1 / 100 + 0X30;
  while(UTX0IF == 0);
  UTX0IF = 0;
  U0DBUF = temp1 / 10 % 10 + 0X30;
  while(UTX0IF == 0);
  UTX0IF = 0;

  U0DBUF = temp1 % 10 + 0X30;
  while(UTX0IF == 0);
  UTX0IF = 0;
  UartTX_Send_String(" lx" ,sizeof(" lx"));
}
void main(void)
{
  INIT_UART();
  UartTX_Send_String("Welcome,R&C" ,sizeof("Welcome,R&C"));
  UartTX_Send_String(NEXT_LINE ,2);
  while(1)
  {
```

```
    UartTX_Send_LIGHT_SENSOR();
    UartTX_Send_String(NEXT_LINE ,2);
    Delay(50000);Delay(50000);
    Delay(50000);Delay(50000);
  }
}
```

6. 实验步骤

① 启动 IAR Embedded Workbench,按照示例程序完成源代码的编辑。

② 阅读源程序,理解程序运行原理。

③ 将 USB 线(A 型转 B 型)一端连在 PC 上,另一端连在目标板上。**注意**:跳线 JP3、JP4 的连接为 2430 - TX 连接 COM_RX,2430 - RX 连接 COM_TX。

④ 选择 Project→Rebuild All 编译程序并生成可执行文件。连接好 CC Debugger 和目标板,打开目标板电源,按下 CC Debugger 的 Reset 键,此时 CC Debugger 的指示灯应为绿色,选择 Project→Download and Debug,将程序通过仿真器下载到传感节点模块上。

⑤ 单击 Go 按钮,运行程序。

⑥ 打开串口调试工具,串口号按实际计算机分配选择,波特率:115 200;校验位:NONE;数据位:8;停止位:1 位。

⑦ 其中串口号的选择请右击"我的电脑"选择"管理"→"设备"→"端口"。

⑧ 配置好相应设置后,单击"打开串口",实验结果如图 5.19 所示。

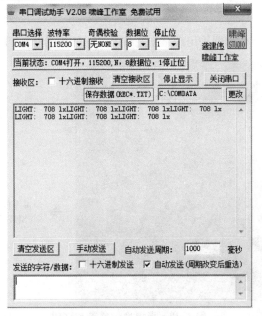

图 5.19 光强传感器数据

7. 扩展实验

自行编写代码,实现可控 ADC 转换,即 PC 每通过串口向 CC2530 发送一次指令码,CC2530 进行一次转换,并返回转换后的光强数据。

5.7 基于无线片上系统的温湿度测量实验

1. 实验目的

① 学习使用 CC2530 及相应模块采集温湿度信号。

② 掌握针对温湿度传感器的编程方法。

③ 熟悉 I^2C 总线的使用方法。

2. 实验内容

使用 CC2530 及温湿度传感器模块采集外部环境的温度和湿度信号,并进行模/数转换,通过串口显示采集的数据。通过本实验掌握集成温湿度传感器的使用,同时进一步熟悉 CC2530 单片机关于 A/D 转换和串口通信的编程。

3. 实验设备

① 装有 IAR 开发及调试环境的 PC。

② XBee/ZigBee 云测试无线网络实验开发平台。

③ CC Debugger 仿真器。

④ USB 转 RS232 线缆。

4. 预备知识

本实验中,温湿度传感器采用数字型高精度温湿度传感器 SHT10,如图 5.20 所示。

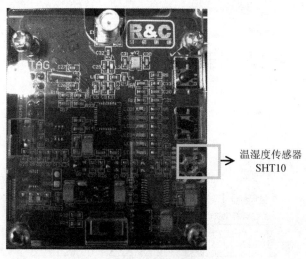

温湿度传感器
SHT10

图 5.20 温湿度传感器 SHT10

　　SHTxx 系列单芯片传感器是一款含有已校准数字信号输出的温湿度复合传感器。它采用专利的工业 CMOS 过程微加工技术（CMOSens），确保产品具有极高的可靠性与卓越的长期稳定性。传感器包括一个电容式聚合体测湿元件和一个能隙式测温元件，并与一个 14 位的 A/D 转换器以及串行接口电路在同一芯片上实现无缝连接，原理如图 5.21 所示。

图 5.21　CC2530 与温湿度传感器接口

5. 示例程序

```
# include <ioCC2530.h>
# include "HXLT_SHTL_Sensor.h"
# include <string.h>
# defineuintunsigned int
# defineuchar unsigned char
# define noACK        0
# define ACK          1
# define SDA          P1_6
# define SCL          P1_7
# define begin        P2_0            // 电源使能,低电平有效
# define STATUS_REG_W 0x06
# define STATUS_REG_R 0x07
# define MEASURE_TEMP 0x03
# define MEASURE_HUMI 0x05
# define RESET        0x1e
unsigned char d1,d2,d3,d4,d5,d6,d7;
uchar NEXT_LINE[] = { 0X0A,0X0D };
void Delay(uint);
void INIT_UART(void);
void UartTX_Send_String(uchar * Data, uchar len);
void UartTX_Send_SHT_SENSOR(void);
extern void th_test(int * t,int * h );       // 外部函数
void Wait(unsigned int ms);
void QWait(void);
char s_write_byte(unsigned char value);
char s_read_byte(unsigned char ack);
```

```
void s_transstart(void);

void s_connectionreset(void);

char s_measure( unsigned char * p_checksum, unsigned char mode);

void initSHT(void);

void Delay(uint n)

{

    uint i;

    for (i = 0; i < n; i++); for (i = 0; i < n; i++); for (i = 0; i < n; i++);

    for (i = 0; i < n; i++);

    for (i = 0; i < n; i++);

}

void delay1(void)

{

    unsigned int i; unsigned char j;

    for (i = 0; i < 1000; i++)

    {

        for (j = 0; j < 200; j++)

        {

            asm("NOP");

            asm("NOP");

            asm("NOP");

        }

    }

}

void INIT_UART(void)

{

    CLKCONCMD & = ~0x40;          // 设置系统时钟源为 32 MHz 晶振

    while (CLKCONSTA & 0x40);      // 等待晶振稳定

    CLKCONCMD & = ~0x47;          // 设置系统主时钟频率为 32 MHz, P1 = 0X3C;

    P1DIR = 0xff;

    PERCFG = 0x00;                // 置 0

    P0SEL |= 0x3c;                // P0 用作串口

    U0CSR |= 0x80;                // UART 方式

    U0GCR |= 11;                  // baud_e = 11;

    U0BAUD |= 216;                // 波特率设为 115 200

    UTX0IF = 0;                   // UART0 TX 中断标志清零

}

void UartTX_Send_String(uchar *Data, uchar len)

{

    uchar j;

    for (j = 0; j < len; j++)
```

```
        {
            UODBUF = *Data++; while (UTX0IF == 0);
            UTX0IF = 0;
        }
}
void UartTX_Send_SHT_SENSOR(void)
{
    int temperature; int humidity;
    th_test(&temperature, &humidity);
    UartTX_Send_String("temperature:", sizeof("temperature:"));
    UODBUF = temperature / 10 + 0X30;
    while (UTX0IF == 0);
    UTX0IF = 0;
    UODBUF = temperature % 10 + 0X30; while (UTX0IF == 0);
    UTX0IF = 0;
    UartTX_Send_String(" *C", sizeof(" *C"));
    UartTX_Send_String("humidity:", sizeof("humidity:"));
    UODBUF = humidity / 10 + 0X30;
    while (UTX0IF == 0);
    UTX0IF = 0;
    UODBUF = humidity % 10 + 0X30; while (UTX0IF == 0);
    UTX0IF = 0;
    UartTX_Send_String(" %", sizeof(" %"));
}
void Wait(unsigned int ms)// 延时毫秒
{
  unsigned char g,k;
  while(ms){
    for(g = 0;g< = 167;g++){
      for(k = 0;k< = 48;k++);
    }
    ms--;
  }
}
void QWait()                // 1 μs 的延时
{
  asm("NOP");asm("NOP");asm("NOP");asm("NOP");
  asm("NOP");asm("NOP");asm("NOP");asm("NOP");
  asm("NOP");asm("NOP");asm("NOP");
}
void initSHT(void)          // 初始化温湿度传感器接口
```

```
{
    P1SEL & = ～0XC0;
    P1DIR |= 0XC0;
    P2SEL & = ～0X01;
    P2DIR |= 0X01;
    SDA = 1; SCL = 0;
}
char s_write_byte(unsigned char value)          // 写一字节数据(接收应答)
{
    unsigned char i,error = 0;
    for (i = 0x80;i > 0;i /= 2)
    {
        if (i & value)
            SDA = 1;
        else
            SDA = 0;
        SCL = 1;
        QWait();QWait();QWait();QWait();QWait();
        SCL = 0;
        asm("NOP"); asm("NOP");
    }
    SDA = 1;
    SCL = 1;   asm("NOP");
    error = SDA;
    QWait();QWait();QWait();
    SDA = 1;
    SCL = 0;
    return error;
}
char s_read_byte(unsigned char ack)          // 读一字节数据(可产生应答)
{
    unsigned char i,val = 0;
    SDA = 1;
    for (i = 0x80;i > 0;i /= 2)
    {
        SCL = 1;
        if (SDA)
            val = (val | i);
        else
            val = (val | 0x00);
        SCL = 0;
```

```
        QWait();QWait();QWait();QWait();QWait();
    }
    SDA =! ack;
    SCL = 1;
    QWait();QWait();QWait();QWait();QWait();
    SCL = 0;
    SDA = 1;
    return val;
}
void s_transstart(void)              // 传输开始
{
    SDA = 1; SCL = 0;QWait();QWait();
    SCL = 1; QWait();QWait();
    SDA = 0; QWait();QWait();
    SCL = 0; QWait();QWait();QWait();QWait();QWait();
    SCL = 1; QWait();QWait();
    SDA = 1; QWait();QWait();
    SCL = 0; QWait();QWait();
}
void s_connectionreset(void)         // 传输开始

{
    unsigned char i;
    SDA = 1; SCL = 0;
    for(i = 0;i<9;i++)
    {
        SCL = 1;QWait();QWait();
        SCL = 0;QWait();QWait();
    }
    s_transstart();
}
char s_measure(unsigned char * p_checksum, unsigned char mode)   // 温湿度数据读取
{
    unsigned char er = 0;
    unsigned int i,j;

    s_transstart();
    switch(mode)
    {
    case 3  : er += s_write_byte(3);break;
    case 5  : er += s_write_byte(5);break;
```

```
        default : break;
    }
    for(i = 0;i < 65535;i++)
    {
        for(j = 0;j < 65535;j++){
            if(SDA == 0){break;}
        }
        if(SDA == 0){break;}
    }
    if(SDA){er += 1;}
    d1 = s_read_byte(ACK);
    d2 = s_read_byte(ACK);
    d3 = s_read_byte(noACK);
    return er;
void th_test(int * t,int * h)        // 温湿度数据转换
{
    unsigned char error,checksum;
    float humi,temp;
    int tmp;
    initSHT();
    P1INP |= 0xC0;          // P1_6,P1_7 设置为三态
    begin = 0;              //开启控制电源
    s_connectionreset();
    error = 0;
    error += s_measure(&checksum, 5);
    humi = d1 * 256 + d2;
    error += s_measure(&checksum, 3);
    temp = d1 * 256 + d2;
    if(error != 0) s_connectionreset();
    else{
        temp = temp * 0.01  -   44.0 ;
        humi = (temp - 25) * (0.01 + 0.00008 * humi) - 0.0000028 * humi * humi +
               0.0405 * humi - 4;
        if(humi > 100){humi = 100;}
        if(humi < 0.1){humi = 0.1;}
    }
    tmp = (int)(temp * 10) % 10;
    if(tmp > 4){
     temp = temp + 1;
    }
    else{
```

```
        temp = temp;
    }
    * t = (int)temp;
    tmp = (int)(humi * 10) % 10;
    if(humi > 4){
        humi = humi + 1;
    }
    else{
        humi = humi;
    }
    * h = (int)humi;
}
void main(void)
{
INIT_UART();
UartTX_Send_String("Welcome,R&C",sizeof("Welcome,R&C"));
UartTX_Send_String(NEXT_LINE, 2);
while (1)
{
    UartTX_Send_SHT_SENSOR();
    UartTX_Send_String(NEXT_LINE, 2);
    Delay(50000); Delay(50000); Delay(50000); Delay(50000);
    }
}
```

6. 实验步骤

① 启动 IAR Embedded Workbench,完成源代码的编辑。

② 阅读源程序,理解程序运行原理。

③ 将 USB 线(A 型转 B 型)一端连在 PC 上,另一端连在目标板上。**注意**:跳线 JP3、JP4 的连接为 2430 - TX 连接 COM_RX,2430 - RX 连接 COM_TX。

④ 选择 Project→Rebuild All 编译程序并生成可执行文件。连接好 CC Debugger 和目标板,打开目标板电源,按下 CC Debugger 的 Reset 键,此时 CC Debugger 的指示灯应为绿色,选择 Project→Download and Debug,将程序通过仿真器下载到传感节点模块上。

⑤ 单击 Go 按钮,运行程序。

⑥ 打开串口调试工具,串口号按实际计算机分配选择,波特率:115 200;校验位:NONE;数据位:8;停止位:1 位。

⑦ 其中串口号的选择请右击"我的电脑"选择"管理"→"设备"→"端口"。

⑧ 配置好相应设置后,单击"打开串口",实验结果如图 5.22 所示。

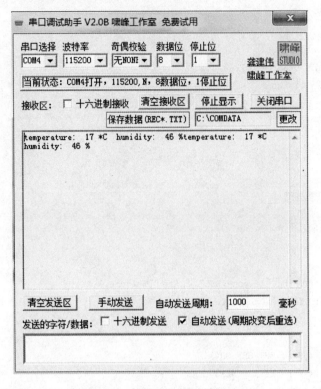

图 5.22 温湿度传感器数据

8. 扩展实验

编写或修改程序,实现温湿度过高报警功能。例如,当温度高于 30 ℃时 LED1 闪烁。

参考文献

[1] CC253x User's Guide-CC253x System-on-Chip Solution for 2.4 GHz IEEE 802.15.4 and ZigBee Applications (SWRU191).

第 **6** 章

基于 ZigBee 无线传感器网络实验

本章以 CC2530 无线片上系统为对象,并结合科技前沿,介绍了物联网及无线传感器网络的基本知识,以期拓宽学生视野,激发学生的探索兴趣,并以此为基础,设计了星形无线传感器网络综合实验和 Mesh 无线传感器网络综合实验。本章的硬件资源介绍均配套相应的实验内容,方便学生边学习边练习,进一步加深对所学知识的理解,掌握其基本使用方法。通过本章实验,帮助学生理解无线传感器网络的不同组网方式的基本特点,掌握典型的组网方法。

6.1 物联网介绍

物联网(Internet of Things)是指在物理世界的实体中部署具有一定感知能力、计算能力的各种信息传感设备,通过网络设施实现信息获取、传输和处理,从而实现人与物、物与物之间信息交换需求的互联互通。物联网技术应用前景广、辐射带动作用强,呈现出爆发式的发展态势,将带来新一轮电子信息产业的发展浪潮,是信息产业领域未来竞争的制高点和产业升级的重要驱动力。顾名思义,"物联网就是物物相连的互联网"。

6.1.1 物联网的基本定义

目前,不同领域的研究者对物联网所基于的思考点各异,对物联网的描述侧重于不同的方面,短期内还没有达成共识。以下是三种有代表性的定义。

定义 1 物联网是未来网络的整合部分,它是以标准、互通的通信协议为基础,具有自我配置能力的全球性动态网络设施。在这个网络中,所有实质和虚拟的物品都有特定的编码和物理特性,通过智能界面无缝连接,实现信息共享。

定义 2 物联网是由具有标识、虚拟个性的物体/对象所组成的网络,这些标识和个性运行在智能空间,使用智慧的接口与用户、社会和环境的上下文进行连接和通信。

定义 3 物联网是通过信息传感设备,按照约定的协议,把任何物品与互联网连接起来,进行信息交换和通信,以实现智能化识别、定位、跟踪、监控和管理的一种网络。它是在互联网基础上延伸和扩展的网络。

综合几种物联网定义,在狭义上定义物联网,是指连接物品到物品的网络,实现物品的智能化识别和管理;在广义上定义的物联网,可以看作是信息空间与物理空间的融合,将一切事物数字化、网络化,在物品之间、物品与人之间、人与现实环境之间实现高效信息交互,并通过新的服务模式使各种信息技术融入社会行为,是信息化在人类社会综合应用达到的更高境界。

物联网是一个基于互联网、传统电信网等信息承载体,让所有能够被独立寻址的普通物理对象实现互联互通的网络。它具有普通对象设备化、自治终端互联化和普适服务智能化三个重要特征。这有两层意思:第一,物联网的核心和基础仍然是互联网,是在互联网基础上的延伸和扩展的网络;第二,其用户端延伸和扩展到了任何物品与物品之间,进行信息交换和通信。因此,物联网的定义是通过射频识别(RFID)、红外感应器、全球定位系统、激光扫描器等信息传感设备,按约定的协议,把任何物品与互联网相连接,进行信息交换和通信,以实现对物品的智能化识别、定位、跟踪、监控和管理的一种网络。与传统的互联网相比,物联网有其鲜明的特征。

① 它是各种感知技术的广泛应用。物联网上部署了海量的多种类型的传感器,每个传感器都是一个信息源,不同类别的传感器所捕获的信息内容和信息格式不同。传感器获得的数据具有实时性,按一定的频率周期性地采集环境信息,不断更新数据。

② 它是一种建立在互联网上的泛在网络。物联网技术的重要基础和核心仍旧是互联网,通过各种有线和无线网络与互联网融合,将物体的信息实时准确地传递出去。在物联网上的传感器定时采集的信息需要通过网络传输,由于其数量极其庞大,形成了海量信息,在传输过程中,为了保障数据的正确性和及时性,必须适应各种异构网络和协议。

③ 物联网不仅仅提供了传感器的连接,其本身也具有智能处理的能力,能够对物体实施智能控制。物联网将传感器和智能处理相结合,利用云计算、模式识别等各种智能技术,扩充其应用领域。从传感器获得的海量信息中分析、加工和处理出有意义的数据,以适应不同用户的不同需求,发现新的应用领域和应用模式。

随着信息采集与智能计算技术的迅速发展和网络技术的广泛应用,大规模发展物联网及相关产业的时机日趋成熟。加快发展物联网产业,不仅是我国发展战略性新兴产业,增强电子信息产业综合竞争力的重要途径,也是促进产业结构优化升级,提高社会信息化水平和城市管理水平的重要举措,对加快转变经济发展方式,推动国家创新型城市建设具有重要意义。

物联网技术分为感知层、传输层和应用层技术。感知层技术主要包括 RFID 技术、传感器技术、音视频采集技术、条码技术等,其中 RFID 技术和传感器技术是物联网的基础环节。

传输层技术包括 ZigBee、UWB、Bluetooth 等近距离通信技术,Wi‐Fi、LAN 等局域通信技术,以及 NB‐IoT、WCDMA、TD‐SCDMA、HSDPA 等广域通信技术。

6.1.2 物联网概念的产生与发展

1982 年已有智能设备网络的初步概念,卡内基·梅隆大学改造的可乐自动售货机成为第一个连接互联网的设备,该设备能够报告其库存以及新装饮料是否冰凉。Mark Weiser 在 1991 年关于普适计算的论文《21 世纪的计算机》中提出了物联网的现代含义。1994 年,Reza Raji 将 IEEE Spectrum 中的概念描述为"将小数据包传输到大量节点,以便集成和自动化从家用电器到整个工厂的所有内容"。在 1993—1997 年间,Novell 提出了 NEST 解决方案。Bill Joy 将设备到设备(D2D)通信设想为他的"六网"框架的一部分,为该领域注入了新的动力,该框架于 1999 年在达沃斯世界经济论坛上发表。

比尔·盖茨在 1995 年的《未来之路》一书中已经提及物物互联,只是当时受限于无线网络、硬件及传感设备的发展,并未引起重视。1998 年,美国麻省理工学院创造性地提出了当时被称作 EPC 系统的物联网构想。"物联网"这个术语是由麻省理工学院最初的自动识别中心的创始人凯文·阿什顿创造的,他在 1999 年宝洁公司(P&G)的一次演讲中介绍了它。他设想了一个互联网通过无处不在的传感器和基于实时反馈的平台连接到物理世界的世界,这些平台具有增强舒适性、安全性和控制生活的巨大潜力。

几年后,麻省理工学院的成员再次使用这一概念,将物联网定义为:"通过计算机网络连接物体、信息和人的智能基础设施,以及以 RFID 技术为其实现的基础"。国际电信联盟描述了其愿景:"信息和通信技术(ICT)世界增加了一个新的方面:从任何时间、任何地方的任何地方连接,我们现在可以连接任何东西,连接将成倍增加,并且将创建一个全新的动态物联网"。

已经被提出的物联网愿景可以分为三个类别:

① 以事物为导向,重点在于"对象",以及寻找能够识别和整合它们的范例。

② 面向互联网,重点在于网络范式利用 IP 协议在设备之间建立有效连接,同时简化 IP 以便在容量非常有限的设备上使用。

③ 面向语义,旨在使用语义技术,描述对象和管理数据,表示、存储、互连和管理越来越多的物联网对象提供的大量信息。

物联网是这些不同愿景趋同的结果。另一个定义来自欧洲物联网研究项目组(CERP‐IoT),该项目于 2009 年提出了物联网愿景。根据欧洲物联网研究项目组,物联网将来自普适计算,普适计算的不同概念和技术组件融合于环境智能,并增强它们。物联网被视为:"动态全球网络基础设施,具有基于标准和可互操作通信协议的自我功能,其中物理和虚拟"物"具有身份、物理属性、虚拟个性和使用智能接口,并且无缝集成到信息网络"。因此,真实世界和物理世界与数字和虚拟世界共生互动。物理对象具有表示它们的虚拟对应物,并且它们本身也成为该过程的活动部分。此外,物联网使人们和事物不仅可以"随时随地"与"任何人"和"任何事物"相关联,而且可以使用任何类型的位置或网络以及任何可用的服务。因此,引入了两个附加概念,即"任何路径/网络"和"任何服务"。之后两个不同的概念扩展了物联网愿景;其一是Web 2.0,预期的大规模用户互动;其二是自我可持续性。特别是,关于 Web 2.0 技术,其主要优点是使用简化和直观的界面,使用户能够提供 Web 贡献,而不管其技术专长如何。这是至关重要的,因为事物和用户之间的交互将成为未来物联网中的一个核心问题。

最终物联网愿景可以被定义为:"未来的物联网将唯一可识别的东西链接到它们在互联网上的虚拟表示,包含或链接到有关其身份、状态、位置或任何其他业务的其他信息,财务或非财务支付中的社会或私人相关信息,超过信息提供的努力,并提供对非预定义参与者的信息访问。所提供的准确和适当的信息可以在合适的数量和条件下,在合适的时间和地点以合适的价格获得。物联网并不是无处不在或普适计算、互联网协议(IP)、通信技术、嵌入式设备、人际互联网或内联网/外联网的代名词,但它融合了上述的各个技术。"

除了智能对象之外,实现物联网愿景的另一个基本组成部分是机器到机器(M2M)的通信。M2M 不是指任何特定的通信技术,而是指允许设备进行通信的有线和无线技术的数量。这种模糊性引发了关于这种通信范式实际创新多少的激烈争论,形成两种截然不同的思想流派。一方面,更保守和谨慎的愿景并不认为 M2M 是完全新颖的,而是嵌入式系统的自然延伸;另一方面,更具前瞻性的愿景将 M2M 视为一种能够彻底改变世界的完全革命性的技术,因为它曾经是过去的计算机时代和互联网时代。

6.1.3　政策战略引导

1998 年 1 月 31 日,美国副总统戈尔在加利福尼亚科学中心做了题为《数字地球:展望 21 世纪我们这颗行星》的演讲。他在其中首次提到并系统阐述了"数字地球"这个新概念。该概念的前提是:技术创新的新浪潮使我们能够大量地获得、存储、处理和显示关于我们行星的各种环境和文化现象的信息。如此大量的信息构成了"地理坐标系",它涉及地球表面的每一个特定的地方。有了该数字化的"地理坐标系",人类就可以利用 Macintosh 和 Windows 操作系统提供的桌面图形方式,而淘汰现有的人机对话方式,进而跨入数字地球的多种分辨率、三维的表述方式,使人类能加入数量巨大的地理坐标系数据。

2009 年 1 月 28 日,时任美国总统的奥巴马与美国工商业领袖举行了一次"圆桌会议",IBM 首席执行官彭明胜首次提出了"智慧地球"这一概念,建议新政府投资新一代的智慧型基础设施。奥巴马给予支持。

2009 年欧盟执委会发表了题为 *Internet of Things—An action plan for Europe* 的物联网行动方案。描绘了物联网技术应用的前景。并提出要加强对物联网的管理,完善隐私和个人数据保护,提高物联网的可信度,推广标准化,建立开放式的创新环境,推广物联网应用等行动建议。

2009 年,韩国通信委员会也出台了《物联网基础设施构建基本规划》,该规划是在韩国政府之前的一系列 RFID/USN(传感器网)相关计划的基础上提出的,目标是要在已有的 RFID/USN 应用和实验网条件下构建世界最先进的物联网基础设施,发展物联网服务,研发物联网技术,营造物联网推广环境等。同年日本政府 IT 战略本部制定了日本新一代的信息化战略《i-Japan 战略 2015》,该战略重点放在电子政务、医疗保障和人才教育三大方面,激活产业和地域的活性并培育新产业,以及整顿数字化基础设施。

我国也对物联网的研究与发展高度关注。2009 年国务院总理温家宝在考察时提出了"感知中国战略",他在《让科技引领中国可持续发展》中讲到:信息网络产业是世界经济复苏的重要驱动力。全球互联网正在向下一代升级,传感器和物联网方兴未艾。"智慧地球"简单来说就是物联网和互联网的结合,就是传感网在基础设施和服务领域的广泛应用。我在无锡考察时参观了中国科学院微系统所无锡传感网络工程中心,很高兴看到一批年轻人正在从事传感网的研究。我相信他们一定能够创造出"感知中国",在传感世界中拥有中国人自己的一席之地。我们要着力突破传感网、物联网的关键技术,及早部署后 IP 时代相关技术研发,使信息网络产业成为推动产业升级、迈向信息社会的"发动机"。

6.1.4 物联网的基本框架

物联网技术复杂,涉及面广,形式多样。根据信息产生、传输、处理和应用的标准可将其分为:感知识别层、网络构建层、管理服务层和综合应用层如图 6.1 所示。

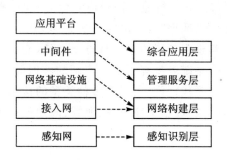

图 6.1 物联网的基本框架

1. 感知识别层

感知识别层是物联网的核心技术,是联系物理世界和信息世界的纽带。感知识别层既包括射频识别(RFID)、无线传感器等信息自动生成设备,也包括各种智能电子产品(用来人工生成信息)。RFID 标签中存储着规范而具有互用性的信息,通过无线通信网络把它们采集到中央信息系统,实现物品的识别和管理。另外,作为一种新兴技术、无线传感器网络主要通过各种类型的传感器对物质性质、环境状态、行为模式等信息开展大规模、长期、实时的获取。近年来,各种可联网电子产品层出不穷,智能手机、个人数字助理、多媒体播放器、上网本、笔记本电脑等迅速普及,人们可以随时随地连入互联网,分享信息。信息生成方式多样化是物联网区别于其他网络的重要特征。

2. 网络构建层

该层的主要作用是把下层(感知识别层)设备连入互联网供上层服务使用。互联网以及下一代互联网是物联网的核心网络,处在边缘的各种无线网络可提供随时随地的网络接入服务。无线广域网包括现有的移动通信网络及其演进技术(3G、4G 通信技术),提供广阔范围内连续的网络接入服务。无线城域网包括现有的 WiMAX 技术(802.16 系列标准),提供城域范围(约 100 km)高速数据传输服务。无线局域网包括现在广为流行的 Wi-Fi(802.11 系列标准),为一定区域内(家庭、校园、餐厅、机场等)的用户提供网络访问服务。无线个域网络包括蓝牙(802.15.1 标准)、Zig-Bee(802.15.4 标准)、近场通信(NFC)等通信协议。这类网络的特点是功耗低、传输速率低(相比上述无线宽带网络)、距离短(一般小于 10 m),一般用于个人电子产品互联、工业设备控制等领域。各种不同类型的无线网络适用于不同的环境,合力提供便捷的网络接入,是实现物物互联的重要基础设施。

3. 管理服务层

在高性能计算和海量存储技术的支撑下,管理服务层将大规模数据高效、可靠地组织起来,为上层行业应用提供智能的支撑平台。存储是信息处理的第一步,数据库系统以及其日后发展起来的各种海量存储技术,包括网络化存储(如数据中心),已广泛应用于 IT、金融、电信、商务等行业。面对海量信息,如何高效地组织和查询数据是核心问题。近两年来,"大数据"成为国内外学者重点关注的领域之一,物联网就成为大数据的一个来源。管理服务层的主要特点是智慧,有了海量数据、运筹学理论、机器学习、数据挖掘、专家系统等就有了更加广阔的施展舞台。此外,信息安全与隐私保护愈加重要。物联网时代,每个人穿戴多种类型的传感器,连接多个网络,任何举动都被监测下来,如何保护数据不被破坏、泄露、滥用就成为物联网时代面临的重大挑战。

4. 综合应用层

互联网最初用来实现计算机之间互相通信,进而发展到连接以个人为主体的用户,现在正朝着物物互联这一方向迈进。从早期的以数据服务为主要特征的文件传输、电子邮件,到以用户为中心的应用,如万维网、电子商务、视频点播、在线游戏、社交网络等,再发展到物品追踪、环境感知、智能物流、智能交通等,网络应用数量呈现多样化、规模化、行业化等特点。

物联网各层之间既相对独立又联系紧密。在综合应用层以下,同一层次上的不同技术互为补充,适用于不同环境,构成该层次技术的全套应对策略。而不同层次提供各种技术的配置和组合,根据应用需求,构成完整的解决方案。简言之,技术的选择应以应用为导向,根据具体的需求和环境,选择合适的感知技术、联网技术和信息处理技术。

6.1.5 物联网的基本特征

从通信对象和过程来看,物联网的核心是物与物以及人与物之间的信息交互。物联网的基本特征有全面感知、可靠传送和智能处理三方面。

全面感知。利用射频识别、二维码、传感器等感知、捕获、测量技术随时随地对物体进行信息采集和获取。

可靠传送。将物体接入信息网络,依托各种通信网络,随时随地进行可靠的信息交互和共享。

智能处理。对海量的感知数据和信息进行分析并处理,实现智能化的决策和控制。

为了清晰地描述物联网的关键环节,按照信息科学的视点,围绕信息的流动过程,抽象出物联网的信息功能模型,如图 6.2 所示。

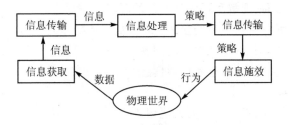

图 6.2 物联网的基本框架

信息获取功能,包括信息的感知和识别,信息感知指对事物状态及其变化方式的敏感和知觉;信息识别指能把所感受到的事物运动状态及其变化方式表示出来。

信息传输功能,包括信息发送、传输和接收等环节,最终完成把事物状态及其变化方式从空间(或时间)上的一点传送到另一点的任务,这就是一般意义上的通信过程。

信息处理功能,指对信息的加工过程,其目的是获取知识,实现对事物的认知以及利用已有的信息产生新的信息,即制定决策的过程。

信息施效功能,指信息最终发挥效用的过程,有多种形式,其中通过调节对象事物的状态及其变换方式从而使其处于预期的运动状态这一点最为关键。物联网中的物体根据其具有的能力发挥作用,这些能力既包括计算处理、网络连接、可用的电能等,也包括场景情况(如时间和空间)等影响因素。根据物联网组成部分的特性、作用以及包含关系,其特征还包含下面 5 个部分:

(1)基本功能特征

● 物体可以是真实世界的实体或虚拟物体;

- 物体具有标识，可以通过标识自动识别它们；
- 物体是环境安全、可靠的；
- 物体及其虚拟表示对与其交互的其他的物体或人们是私密的、安全的；
- 物体使用协议与其他物体或物联网基础设施进行通信；
- 物体在真实的物理世界与数字虚拟世界间交换信息。

（2）物体通用特征（高于基本功能特征）

- 物体使用"服务"作为与其他物体联系的接口；
- 物体在资源、服务、可选择的感知对象方面与其他物体竞争；
- 物体附加有传感器，能够与环境交互。

（3）社会特征

- 物体与其他物体、计算设备以及人们进行通信；
- 物体能够相互协作创建组或网络；
- 物体能够初始化交互。

（4）自治特征

- 物体的很多任务能够自动完成；
- 物体能够协商、理解和适应其所在的环境；
- 物体能够解析所在环境的模式，或者从其他物体处学习；
- 物体能够基于其推理能力做出判断；
- 物体能够选择性地演进和传播信息。

（5）自我复制和控制特征

- 物体能够创建、管理和毁灭其他物体。

综上所述，物联网以互联网为平台，将传感器节点、射频标签等具有感知功能的信息网络整合起来，实现人类社会与物理系统的互联互通。将这种新一代的信息技术充分运用在各行各业之中，可以实现以更加精细和动态的方式管理生产和生活，提高资源利用率和生产力水平，改善人与自然间的关系。

6.1.6　物联网元素

我们提出了一种分类法，有助于从高层次的角度定义物联网所需的组件。每个组成部分的具体分类可以在其他地方找到。有硬件、中间件、演示三个物联网组件可实现无缝连接，具体介绍如下：

① 硬件：由传感器、执行器和嵌入式通信硬件组成。

② 中间件：用于数据分析的按需存储和计算工具。

③ 演示：易于理解的新颖可视化和解释工具。它可以在不同的平台上广泛访问，可以设计用于不同的应用程序。

在本小节中，我们将讨论这些类别中的一些支持技术，这些技术将构成上述三个组成部分。

1．射频识别（RFID）

RFID 技术是嵌入式通信范例的重大突破，其能够设计用于无线数据通信的微芯片。它们有助于自动识别其作为电子条形码所附着的任何东西。这催生了许多应用，尤其是零售和供应链管理。这些应用程序可以在运输（更换票证，登记贴纸）和访问控制应用程序中找到。无源标签目前正在许多银行卡和道路收费标签中使用，这是首批全球部署之一。有源 RFID 阅读器具有自己的电池可为其自身供电，可以实例化通信。在几个应用中，有源 RFID 标签的主要应用是用于监控货物的港口集装箱。

2．无线传感器网络

低功率集成电路和无线通信的最新技术已经提供了用于遥感应用的高效、低成本、低功率的微型设备。这些因素的结合提高了利用由大量智能传感器组成的传感器网络的可行性，使得收集、处理、分析和传播在各种环境中收集的有价值信息成为可能。有源 RFID 与具有有限处理能力和存储的低端 WSN 节点几乎相同。传感器数据在传感器节点之间共享并发送到用于分析的分布式或集中式系统。组成 WSN 监控网络的组件包括 WSN 硬件、WSN 通信栈、中间件和安全数据聚合。

（1）WSN 硬件：通常节点（WSN 核心硬件）包含传感器接口、处理单元、收发器单元和电源。它们包含多个用于传感器接口的 A / D 转换器，更现代的传感器节点还具有使用一个频带进行通信的能力，使其更加通用。

（2）WSN 通信栈：对于大多数应用程序，预计节点将以特殊方式部署。设计适当的拓扑、路由和 MAC 层对于部署网络的可扩展性和使用寿命至关重要。WSN 中的节点需要在它们之间进行通信以将单跳或多跳中的数据发送到基站。节点丢失以及随之而来的网络生命周期的缩短是经常发生的。汇聚节点上的通信栈应该能够通过 Internet 与外部世界交互，充当 WSN 子网和 Internet 的网关。

（3）中间件：将网络基础设施与面向服务的体系结构相结合的机制（SOA）和传感器网络以独立于部署的方式提供对异构传感器资源的访问，这是基于隔离可由多个应用程序使用的资源的想法。其需要一个独立于平台的中间件来开发传感器应用程序，例如开放式传感器 Web 架构（OSWA）。

（4）安全数据聚合：需要一种有效且安全的数据聚合方法来延长网络的生命周期并确保从传感器收集到可靠的数据。节点故障是 WSN 的共同特征，网络拓扑应该具有自我修复的能力。确保安全性至关重要，因为系统自动链接到执行器并保护系统免受入侵者的侵害变得非常重要。

6.1.7 物联网驱动技术

上述物联网愿景的实现经历了网络和服务基础设施的不可避免的演变。由于其垂直方法，当前系统主要使用的方法称为"筒仓"或"炉管"，每个应用都建立在其专有的 ICT 基础设施和专用设备上。类似的应用程序不共享用于管理服务和网络的任何功能,导致不必要的冗余和成本增加。正如智能城市示例中所解释的那样,这种完全垂直的方法应该被更灵活和横向的方法所取代,其中一个通用的操作平台将管理网络和服务,并将抽象出各种各样的数据源,以使应用程序能够好好工作。

1. 解决方案

唯一识别事物的能力对于物联网的成功至关重要。这不仅可以让我们唯一地识别数十亿台设备,还可以通过互联网控制远程设备。创建唯一地址的几个最关键的功能是:唯一性、可靠性、持久性和可伸缩性。必须通过其唯一标识、位置和功能来识别已连接的每个元素和将要连接的元素。Internet 中的 Internet Mobility 属性 IPv6 可以缓解一些设备识别问题;然而,无线节点的异构性、可变数据类型、并发操作以及来自设备的数据汇合进一步加剧了问题的解决难度。

持久的网络功能无处不在地、无情地引导数据流量是物联网的另一个方面。虽然 TCP/IP 可以通过以更可靠和有效的方式路由来处理这种机制,但从源到目的地,物联网仍面临着瓶颈——网关和无线传感器设备之间的接口。

此外,现有网络的设备地址的可扩展性必须是可持续的。网络和设备的添加不能妨碍网络的性能、设备的功能、网络上数据的可靠性或用户界面对设备的有效使用。

为了解决这些问题,统一资源名称(URN)系统被认为是物联网发展的基础。URN 创建可通过 URL 访问的资源的副本。在收集大量空间数据的情况下,利用元数据的优势将信息从数据库通过因特网传输给用户通常非常重要。IPv6 还提供了一个非常好的选择,可以唯一地和远程地访问资源。解决方案的另一个重要发展是开发轻量级 IPv6,这将使家用电器具有独特的解决方案。

与因特网相比,无线传感器网络(将它们视为物联网的构建块)运行在不同的堆栈上,不能单独地拥有 IPv6 栈,因此需要具有 URN 网关的子网。考虑到这一点,我们需要一个层来通过相关网关寻址传感器设备。

在子网级别,传感器设备的 URN 可以是唯一的 ID,而不是 www 中的人性化名称或网关上用于寻址此设备的查找表。此外,在节点级,每个传感器将具有 URN(作为数字),用于由网关寻址的传感器。现在整个网络形成了一个从用户(高级)到传感器(低级)的连接网络,通过 URN,可访问(通过 URL)和可控制(通过 URC)地进行寻址。

2. 数据存储和分析

这一新兴领域最重要的成果之一是创造了前所未有的数据量。数据的存储、所有权和有效期成为关键问题。今天互联网消耗的能量高达总能量的 5%,并且随着这些类型的需求进一步增大,它肯定会进一步上升。因此,以收集的能量为中心并且集中的数据中心将确保能源效率和可靠性。数据中心必须智能地存储和使用数据以进行智能监控和驱动。

● 根据需要集中或分布的人工智能算法对开发很重要。

● 需要开发新的融合算法以理解所收集的数据。

● 基于进化算法、遗传算法、神经网络和其他人工智能技术的最先进的非线性、时间机器学习方法是实现自动决策的必要条件。

● 这些系统显示出诸如互操作性、集成和自适应通信等特性。它们在硬件系统设计和软件开发方面也具有模块化架构,通常非常适合物联网应用。

3. 可视化

可视化对于 IoT 应用程序至关重要,因为这允许用户与环境的交互。随着触摸屏技术的最新进展,智能平板电脑和手机的使用变得非常直观。为使外行人员充分受益于物联网革命,必须创建有吸引力且易于理解的可视化。随着 2D 屏幕转向 3D 屏幕,可以以有意义的方式为用户提供更多的信息。这也将使决策者能够将数据转换为对快速决策至关重要的知识。

从原始数据中提取有意义的信息是非常重要的。这包括事件检测、相关原始数据和建模数据的可视化,其中信息需根据最终用户的需要来表示。

6.1.8　物联网的应用

1. 智能医疗

目前物联网技术在医疗行业中的应用包括人员管理智能化、医疗过程智能化、供应链管理智能化、医疗废弃物管理智能化以及健康管理智能化。其中,最典型的应用就是可穿戴设备,这种帮助用户实现个性化的自我健康管理的设备已经成为很多注重健康人士的新宠。

美敦力公司研制的一款自动胰岛素泵 MiniMed 670G 是物联网传感技术在医疗领域应用的佳作。MiniMed 670G 配备了血糖传感器、释放胰岛素的泵以及能查看数据的显示仪,血糖传感器每 5 分钟就会通过皮下软针所接收的血液来测量患者血糖,并将数据传递到胰岛素泵,集成有判断逻辑的泵会基于血糖值来判断是否释放胰岛素、释放多少胰岛素,这些数据还会同步上传云端,为后续专业医护人员的介入创造了条件。

2. 智能物流

基于物联网的智能供应链技术是对现有信息网和物流网技术的有力补充,已应用到整个零售系统,零售商、制造商和供应商可以提高供应链各个步骤的效率,同时还可以减少浪费,该技术充分利用互联网和无线射频识别网络设施支撑整个物流系统,从而使物流行业发生了颠覆性的变化,可使客户在任何时间、任何地点都能以最便捷、最高效、最可靠、成本最低的方式享受便捷的物流服务。

3. 智能交通

现有的城市交通基本是自发进行的,驾驶员根据个人判断选择行驶路线,交通信号仅仅起到静态的、有限的指导作用。因此,城市交通道路资源没有被有效利用,从而导致了不必要的交通堵塞甚至交通瘫痪。据统计,我国每年因交通堵塞而造成的经济损失占 GDP 的 $1.5\%\sim4\%$。

物联网技术的发展为交通堵塞问题提供了智慧解决方案。可以在道路基础设施和汽车上安装传感器,该设备可以实时监控交通流量和车辆状态,通过泛在移动通信网络将信息传达至管理中心,再通过智能计算,为车辆实时设计最优化的行驶路线。无线和有线通信技术遍布于道路基础设施和车辆中,彼此互联互通,有机整合,为移动用户提供了泛在的网络服务,例如人们可以在旅途中收看电视节目,获得周围交通和环境情况的实时状态。物联网提供了智能的交通管理和调度机制,能使道路基础设施被充分利用,使交通流量最大化,并使安全性得到了保障。

4. 智能建筑

结合物联网技术,建筑具有建筑结构健康监测,安防与应急逃生,能耗监测与节能控制,人员实时管理,温湿度自动调节,数据显示统计、分析、报警等多种智慧功能。思科新兴技术集团高级副总裁马丁·德贝尔将智能楼宇描述为:员工刷卡进入智能互联的建筑时,通过读取该卡片,建筑会自动地将该员工所在的办公室空调与照明灯打开。当该员工离开建筑刷卡时,办公室的空调与照明灯又会自动熄灭。更复杂一点的例子包括"利用网络技术,在一个统一的平台上,对成百上千个房间里的电器设备进行统一的管理"。智能建筑的真正魅力在于"智能互联",可以对所有房间内的电器设备进行协调统一和智能管理。与此相关的智能家居、智能办公室和智能社区等应用也是物联网技术的重要市场。

5. 环境监测

环境监测是物联网应用中最早被提出、应用最为广泛、影响最为深远的应用之一。传统的以人工为主的环境监测模式受测量手段、采样频率、取样数量、分析效率、数据处理等多方面的限制,不能及时反映环境变化,预测变化趋势,更不能根据检测结果及时采取应急措施。

21 世纪以来,自主检测方式发展迅速,可以在被监控区域部署大量小型的无线传感器,能长期准确地监测周围环境。在海洋环境、森林生态、火山活动、污染情况等领域,传感网已经在发挥着巨大的作用。

6.1.9 物联网与泛在网络、传感网的关系

1. 无线传感器网络(Wireless Sensor Networks, WSN)

无线传感器网络(WSN)是一种分布式传感网络,它的末梢是可以感知和检查外部世界的传感器。WSN 中的传感器通过无线方式通信,因此网络设置灵活,设备位

置可以随时更改,还可以跟互联网进行有线或无线方式的连接。通过无线通信方式形成的一个多跳自组织网络。

2. 泛在网络(Ubiquitous Networking)

泛在网络来源于拉丁语 Ubiquitous,从字面上看就是广泛存在的、无所不在的网络。也就是人置身于无所不在的网络之中,实现人在任何时间、地点,使用任何网络与任何人与物的信息交换,基于个人和社会的需求,利用现有网络技术和新的网络技术,为个人和社会提供泛在的、无所不含的信息服务和应用。

3. 区别与联系

泛在网、物联网和传感网是依次包含的关系,如图 6.3 所示。

传感器网络专注于物与物之间的末端联系,它专注于物理世界信息的感知和采集,专注于网络的分发和汇聚效率;专注于低速高效,低功低耗。

物联网是面向物与物和人与物的网络,它包含多种感知单元(传感器、RFID 等等),同时支持一种或几种网络通信方式,为现实世界提供服务和应用。

泛在网涵盖并高于物联网,讲求多网络和多技术融合,探索通信和服务的无缝连接,探索人与人之间新的通信和服务方式。

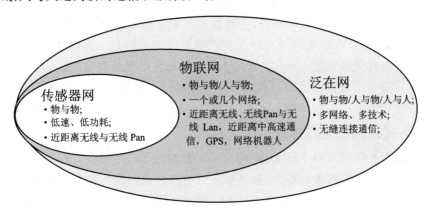

图 6.3 物联网的基本框架

根据通信对象及技术的覆盖范围,传感器网是物联网实现数据信息采集的一种末端网络。物联网的感知端有:RFID、各类传感器、内置移动通信模块、二维码等。

物联网是实现泛在网络的前提,泛在网络在通信对象上不仅包括物与物、物与人的通信,还包括人与人的通信,而且泛在网络多涉及异构网的互联。

6.1.10 物联网体系架构的互联

物联网的感知层异构性很强,为了能使异构信息实现互联、互通、互操作,未来的互联网需要有一个分层、开放、可扩展的网络体系结构框架。如今我国学者多采用 ITU－T 在 Y.2002 中描述的 USN 高层架构为基础描述物联网,自上而下分为底层传感器网络、泛在传感器网络、泛在传感器接入网络、泛在传感器网络基础骨干网络、泛在传感器中间件、泛在传感器网络应用平台共 6 个层次。

USN 分层框架的最大特点之一是依托下一代网络(NGN)架构,各种传感器网络在最靠近用户的地方组成无所不在的网络环境,用户在此环境中使用各种服务,NGN 则作为核心的基础设施为 USN 提供支持。实际上,在 ITU 的研究技术路线中,并没有单独针对物联网的研究,而是将人与物、物与物之间的通信作为泛在网络的一个重要功能,统一纳入了泛在网络的研究体系中。ITU 在泛在网络的研究中强调两点:一是要在 NGN 的基础上,增加网络能力,实现人与物、物与物之间的泛在通信;二是在 NGN 的基础上,扩大和增加对广大公众用户的服务。因此在考虑泛在网络的架构和网络能力时,一定要考虑这两点最基本的需求。除 ITU 外,其他的国际标准化组织也从不同的侧面对物联网的架构有所研究,如欧洲电信标准化协会机器对机器技术委员会(ETSI M2M TC),从端到端的全景角度研究机器对机器通信,给出了一个简单的 M2M 架。

6.1.11 物联网研究与开发面临的挑战

物联网研究和开发既是机遇,更是挑战。如果能够面对挑战,从深层次解决物联网中的关键理论问题和技术难点,并且能够将物联网研究和开发的成果应用于实际,那么我们就可以在物联网研究和开发中获得发展的机遇。否则,物联网研究和开发只会浪费时间和资源,又一次错过了在科学和技术领域发展的机遇。物联网研究和开发面临 3 个方面的挑战:基础研究方面的挑战、技术开发方面的挑战,以及示范系统构建和部署方面的调整。

1. 基础研究方面的挑战

美国加州大学伯克利分校 EdwardA. Lee 教授在分析了当今计算和联网方式与物理处理过程提出了两者的差异:物理系统中的部件在安全性和可靠性方面的需求与通用计算部件存在质的差异;物理部件与面向对象的软件部件也存在质的差异。由此,Lee 教授提出这样的疑问:今天的计算和联网技术是否能够为开发 CPS 系统提供足够的基础? 其研究结论是:必须再造计算和网络的抽象体系,以便统一物理系统的动态性和计算的离散性。如何再造计算和网络的抽象体系,这是物联网基础研究的核心内容,包括如何在编程语言中增加时序,如何重新定义操作系统和编程语言的接口,如何重新思考硬件与软件的划分,如何在互联网中增加时序,如何计算系统的可预测性和可靠性等。

2. 技术开发方面的挑战

在物联网技术开发中,面临诸多的技术开发方面的挑战。物联网是嵌入式系统、联网和控制系统的集成,它由计算系统、包含传感器和执行器的嵌入式系统等异构系统组成。

① 首先需要解决物理系统与计算系统协同处理。在物联网环境下，事件检测和动作决策操作涉及时间和空间，这些操作必须准确和实时，以保证物联网操作中时间和空间的正确性。

② 需要分析事件的时间和空间特性，设计面向物联网的、具有时间和空间条件限制的分层物联网事件模型。

③ 需要建立物联网的可依赖性模型，这也是进行物联网开发的一个挑战。采用传统的方法，分别评价、建模和仿真组成物联网的物理装置和网络部件，这样无法构造整个物联网系统的可依赖模型。因此必须建立物理装置和网络系统的相互依赖模型，其中包括构建定性的物联网交互依赖模型，构建量化的物联网交互依赖模型，按照物联网中的物理装置和网络部件属性描述物联网的可依赖性，验证这种可依赖性模型的正确性。

④ 需要面临如何构建面向物联网中间件的技术难题。中间件可以减少 50% 的软件开发时间和成本，由于 CPS 资源的限制、服务质量要求、可靠性要求等，通用的中间件无法满足 CPS 应用开发的需求。但是，重新开发一个面向 CPS 的中间件似乎难度较大，现代软件技术的一个基本原则是软件重用。所以 ，可以考虑采用面向应用领域的定制方法改造中间件。但是，改造一种结构复杂的、功能烦琐的通用中间件的成本是否一定小于构建一个结构简单的、功能简捷的专用中间件，这是需要研究的问题。物联网技术开发中面临许多挑战，例如提供安全、实时的数据服务技术，物联网系统的正确性验证技术、嵌入式万维网服务开发技术、隐私保护技术以及安全控制技术等，这些技术是决定物联网技术能否得到广泛应用的关键技术。

3. 示范系统建设的挑战

建设和部署物联网示范系统，在社会层面和技术层面都面临较大的挑战。物联网系统的典型示范系统，如楼宇内部的照明、电表、街道路灯系统等，都会涉及较为复杂的基本建设工程和公共设施工程。其次，能源消耗最多的、具有最大节能潜力的物品通常都是巨大的、昂贵的装置，改造这些装置面临很大的困难。另外，建设和部署物联网面临的较为直接的挑战是，如何让人们愿意使用并且可以维护物联网。这里不仅存在技术本身的问题，还存在如何进行培训、教育和普及物联网知识和技术的问题。构建和部署物联网示范系统的技术层面的挑战包括通信基础设施、隐私保护和互操作性问题。物联网需要普适联网，对于公共设施的物联网需要在城市范围建立全覆盖的无线联网基础设施，而这种设施是无法在短时间建立的。如何经济有效地构建满足物联网需要的联网基础设施。这在技术上也是一个挑战。无论是公共设施的物联网，还是企业专用的物联网，都需要提供严格的数据保护机制，否则，无论是公众，还是企业都不会接受物联网，不会使用物联网的相关应用的。从用户角度看，物联网应该是以用户为核心的网络，完全可以按照用户的意愿进行控制和操作。如何让用户信任物联网？这在技术上还是一个很大的挑战。物联网提供的普适服务依赖于互操作性，它不仅依赖于网络运营商提供的标准服务质量，还依赖于跨域的命名、安全性、移动性、多播、定位、路由和管理，也包括对于提供公共设施的公平补偿。如何形成完整的物联网技术标准并且实现这些标准，这是一项十分具有挑战性的工作。

6.2 无线传感器网络介绍

随着微机电系统（Micro-Electro-Mechanism System，MEMS）、片上系统（System on Chip，SoC）、无线通信和低功耗嵌入式技术的飞速发展，孕育出无线传感器网络（Wireless Sensor Networks，WSN），并以其低功耗、低成本、分布式和自组织的特点带来了信息感知的一场变革。由此很多人开始认为，这项技术的重要性可与因特网相媲美：正如因特网使计算机能够访问各种数字信息而可以不管其保存在什么地方，传感器网络将能扩展人们与现实世界进行远程交互的能力。它甚至被人称为一种全新类型的计算机系统，这就是因为它区别于过去硬件的可到处散布的特点以及集体分析能力。

传感器网络中的节点采用节点编号标识，节点编号是否需要全网唯一取决于网络通信协议的设计。由于传感器节点随机部署，构成的传感器网络与节点编号之间的关系是完全动态的，表现为节点编号与节点位置没有必然联系。用户使用传感器网络查询事件时，直接将所关心的事件通告给网络，而不是通告给某个确定编号的节点。网络在获得指定事件的信息后汇报给用户。这种以数据本身作为查询或传输线索的思想更接近于自然语言交流的习惯。所以通常说传感器网络是一个以数据为中心的网络。例如，在应用于目标跟踪的传感器网络中，跟踪目标可能出现在任何地方，对目标感兴趣的用户只关心目标出现的位置和时间，并不关心哪个节点监测到目标。

无线传感器网络是一种全新的信息获取平台，具有众多类型的传感器，可探测包括地震、电磁、温度、湿度、噪声、光强度、压力、土壤成分、移动物体的大小、速度和方向等周边环境中多种多样的现象，并能够实时监测和采集网络分布区域内的各种检测对象的信息，将这些信息发送到网关节点，以实现复杂的指定范围内的目标检测与跟踪，具有快速展开、抗毁性强等特点，有着广阔的应用前景。

6.2.1 无线传感器网络概述

无线网络可分为两种：一种为需要固定基站的有基础设施网，如移动电话，属于无线蜂窝网，它需要高大的天线和大功率基站来支持，基站就是最重要的基础设施；另一种为没有专门的固定基站的无线 Ad Hoc 网络，节点是分布式的。

无线 Ad Hoc 网络又分为两类：一类是移动 Ad Hoc 网络，该网络终端快速移动；另一类是无线传感器网络，该网络节点是静止的或者移动很慢的。

无线传感器网络包括传感器节点、汇聚节点和管理节点。在监测区域内部或附近随机部署着大量的传感器节点，它们通过自组织的方式构成网络。

目前,国际上关于无线传感器网络的定义主要有以下 4 种。

定义 1　无线传感器网络是由若干具有无线通信能力的传感节点自组织构成的网络。它起源于 1978 年美国国防部高级研究计划局资助卡耐基·梅隆大学进行分布式传感器网络的研究项目,由美国军方提出。当时没有考虑互联网及智能计算等技术的协作,强调的是无线传感器网络是由节点组成的小规模自组织网络。

定义 2　泛在无线传感器网络是由智能传感器节点组成的网络,可以"任何时间、任何地点、任何人、任何物"的形式被部署。该定义由 ITU－T 于 2008 年 2 月的研究报告 *Ubiquitous Sensor Network* 中提出,强调任何时间、任何地点、任何人、任何物的互联。该技术发展潜力巨大,能够推动新的应用和服务,对安全保卫、环境监测到推动个人生产力和增强国家竞争力有重大意义。

定义 3　无线传感器网络以对物理世界的数据采集和信息处理为主要任务,以网络为信息传递载体,实现物与物、物与人之间的信息交互,提供信息服务的智能网络信息系统。该定义由我国信息技术委员会所属传感器网络标准工作组于 2009 年9 月的工作文件中提出,具体表现为:无线传感器网络综合了微传感器、分布式信号处理、无线通信网络和嵌入式计算等多种先进信息技术,能对物理世界进行信息采集、传输处理,并将处理结果以服务形式发布给用户。该定义重点强调网络化信息系统。

国内传感器网络标准化工作组关于无线传感器网络的最新定义:利用无线传感器网络节点和其他网络基础设施,对物理世界进行信息采集并对采集的信息进行传输和处理,以及为用户提供服务的网络化信息系统。

定义 4　无线传感器网络是以感知为目的,实现人与人、人与物、物与物全面互联的网络。它的突出特征是通过传感器等方式获取物理世界的各种信息,结合互联网、移动通信等进行信息的传送与交互,采用智能技术对信息进行分析处理,从而提升对物理世界的感知能力,实现智能化的决策和控制。此定义出自工业和信息化部和江苏省联合向国务院上报的《关于支持无锡建设国家传感网创新示范区(国家传感信息中心)情况的报告》。该定义突出了感知地位,强调智能化的决策和控制。

尽管定义没有统一,但学术界一般从功能层次上把无线传感器网络概括成一个集信息感知(Sensing)、信息处理(Processing)、信息传送(Transmitting)和信息提供(Provisioning)等功能于一体的有机自知整体,通常包括一个或多个汇聚节点(Sink)、网关及大量微型化传感节点。无线传感器网络有着相对统一、典型的结构。其中,传感节点是具有一定的感知、计算与无线通信能力,并具有独立电池模块的嵌入式设备;传感节点通过自组织的方式形成多跳无线网络系统,通过协作的方式收集数据,通过数据处理获得低冗余信息,通过多跳的方式传送给汇聚节点。一般汇聚节点承担网关的功能,网关通过多种方式(如以太网、Wi－Fi、移动公网等)与外界进行数据交互,负责连接无线传感器网络与其他外部网络(如 Internet、卫星等),最后为用户提供服务。

由以上定义可知,传感器、感知对象和用户是无线传感器网络的三个基本要素。无线网络是传感器之间、传感器与用户之间最常用的通信方式,用于在传感器与用户之间建立通信路径。协作式的感知、采集、处理和发布感知信息是传感器网络的基本功能。

无线传感器网络有实现数据采集、数据处理和数据传输三种功能,而这正对应着现代信息技术的三大基础技术,即为传感器技术、计算机技术和通信技术,分别构成了信息系统的"感官""大脑""神经"三部分。因此,无线传感器网络正是这三种技术的结合,可构成一个独立的现代信息系统。

6.2.2 传感器节点结构

传感器节点由传感器模块、处理器模块、无线通信模块和能量供应模块四部分组成。传感器模块的主要功能是采集监测区域内的信息,并对其进行数据转换;处理器模块相当于大脑,控制整个传感器节点的操作,对传感器节点采集的数据进行存储;无线通信模块是纽带,负责本传感器节点与其他传感器节点之间的无线通信,交换控制消息和收发采集数据;能量供应模块则为传感器节点提供运行所需的能量,一般采用微型电池。

6.2.3 传感器网络协议栈

经典的无线传感器网络协议栈包括物理层、数据链路层、网络层、传输层和应用层,与互联网协议栈的五层协议相对应。此外,协议栈还包括能量管理平台、移动管理平台和任务管理平台。这些管理平台使传感器节点可以高效协同工作,节点移动传感器网络也能收发数据,并支持多任务和资源共享。

各层协议和平台的功能主要如下:

- 物理层提供信号调制和无线收发技术;
- 数据链路层负责将网络层的 IP 数据包组装成帧、帧检测、媒体访问和差错控制;
- 网络层主要负责路由生成和路由选择;
- 传输层负责数据流的传输控制,是保证通信服务质量的重要部分;
- 应用层包括一系列基于监测任务的应用层软件;
- 能量管理平台管理传感器节点如何使用能源,在各个协议层都需要考虑节省能量;
- 移动管理平台检测并注册传感器节点的移动,维护到汇聚节点的路由,使传感器节点能够动态跟踪其邻居的位置;
- 任务管理平台在一个给定的区域内平衡和调度监测任务。

6.2.4 传感器网络的特点

传感器网络的特点如下:

① 大规模网络。

② 自组织网络。

③ 动态性网络。

④ 可靠的网络。

⑤ 应用相关的网络。

⑥ 以数据为中心的网络。

6.2.5　无线传感器网络的应用

1. 军事应用

在军事领域,传感器网络将会成为 C4ISRT (Command, Control, Communication, Computing, Intelligence, Surveillance, Reconnaissance and Targeting) 系统不可或缺的一部分。C4ISRT 系统的目标是利用先进的高科技技术,为未来的现代化战争设计一个集命令、控制、通信、计算、智能、监视、侦察和定位于一体的战场指挥系统,受到了军事发达国家的普遍重视。因为传感器网络是由密集型、低成本、随机分布的节点组成的,自组织性和容错能力使其不会因为某些节点在恶意攻击中的损坏而导致整个系统的崩溃,这一点是传统的传感器技术所无法比拟的。也正是基于这一点,传感器网络非常适用于恶劣的战场环境中,包括监控我军兵力、装备和物资,监视冲突区,侦察敌方地形和布防,定位攻击目标,评估损失,侦察和探测核、生物和化学攻击。在战场上,指挥员往往需要及时准确地了解部队、武器装备和军用物资的供给情况,铺设的传感器将采集相应的信息,并通过汇聚节点将数据送至指挥所,再转发到指挥部,最后融合来自各战场的数据形成我军完备的战区态势图。在战争中,对冲突区和军事要地的监视也是至关重要的,通过铺设传感器网络,以更隐蔽的方式近距离地观察敌方的布防;当然,也可以直接将传感器节点撒向敌方阵地,在敌方还未来得及反应时迅速收集利于作战的信息。传感器网络也可以为火控和制导系统提供准确的目标定位信息。在生物和化学战中,利用传感器网络及时、准确地探测爆炸中心,将会为我军提供宝贵的反应时间,从而最大可能地减小伤亡。传感器网络也可避免核反应部队直接暴露。

在核辐射的环境中,与独立的卫星和地面雷达系统相比,传感器网络的潜在优势表现在以下几个方面:

① 分布节点中多角度和多方位信息的综合有效地提高了信噪比,这一直是卫星和雷达这类独立系统难以克服的技术问题之一。

② 传感器网络低成本、高冗余的设计原则为整个系统提供了较强的容错能力。

③ 传感器节点与探测目标的近距离接触大大消除了环境噪声对系统性能的影响。

④ 节点中多种传感器的混合应用有利于提高探测的性能指标。

⑤ 多节点联合,形成覆盖面积较大的实时探测区域。

⑥ 借助于个别具有移动能力的节点对网络拓扑结构的调整能力,可以有效地消

除探测区域内的阴影和盲点。

2. 环境观测和预报系统

随着人们对于环境的日益关注,环境科学所涉及的范围越来越广泛。通过传统方式采集原始数据是一件困难的工作。传感器网络为野外随机性的研究数据获取提供了方便,比如,跟踪候鸟和昆虫的迁移,研究环境变化对农作物的影响,监测海洋、大气和土壤的成分等。ALERT 系统中就有数种传感器来监测降雨量、河水水位和土壤水分,并以此预测爆发山洪的可能性。类似地,传感器网络对森林火灾准确、及时地预报也有帮助。此外,传感器网络也可以应用在精细农业中,以监测农作物中的害虫、土壤的酸碱度和施肥状况等。

3. 医疗护理

如果在住院病人身上安装特殊用途的传感器节点,如心率和血压监测设备,利用传感器网络,医生就可以随时了解被监护病人的病情,进行及时处理;还可以利用传感器网络长时间地收集人的生理数据,这些数据在研制新药的过程中是非常有用的,而安装在被监测对象身上的微型传感器也不会给人的正常生活带来太多的不便。此外,在药物管理等诸多方面,它也有新颖而独特的应用。总之,传感器网络为未来的远程医疗提供了更加方便、快捷的技术实现手段。

4. 空间探索

探索外部星球一直是人类梦寐以求的理想,借助于航天器布撒的传感器网络节点实现对星球表面长时间的监测,应该是一种经济可行的方案。NASA 的 JPL(Jet Propulsion Laboratory)实验室研制的 Sensor Webs 就是为将来的火星探测进行技术准备的,已在佛罗里达宇航中心周围的环境监测项目中进行测试和完善。

5. 其他领域

自组织、微型化和对外部世界的感知能力是传感器网络的三大特点,这些特点决定了传感器网络在商业领域应该也会有不少的机会。比如,嵌入家具和家电中的传感器与执行机构组成的无线网络与 Internet 连接在一起将会为我们提供更加舒适、方便和具有人性化的智能家居环境;德国某研究机构正在利用传感器网络技术为足球裁判研制一套辅助系统,以减小足球比赛中越位和进球的误判率。此外,在灾难拯救、仓库管理、交互式博物馆、交互式玩具、工厂自动化生产线等众多领域,无线传感器网络都将会孕育出全新的设计和应用模式。

6.2.6 传感器网络研究中的热点问题

到现在为止,传感器网络的研究大致经过了两个阶段:第一个阶段主要偏重利用 MEMS 技术设计小型化的节点设备;对于网络本身问题的关注和研究可以认为是传感器网络研究的第二个阶段,目前正在成为无线网络研究领域的一个不小的热点。从网络分层模型的角度分析,每一层都有需要结合传感器网络的特点进行细致研究的问题,就已有的研究而言,主要集中在网络层和链路层,下面对需要解决的问题和已有的方案进行归纳总结。

1. 网络层

传感器网络中的路由协议分为平面型和层次型两种,但大都采用多跳形式在节点和易移动的 sink 节点之间建立连接。Ad‒hoc 网络中已有的多跳路由协议,如AODV(Ad‒hoc Demand Distance Vector)和 TORA(Temporally Ordered Routing Algorithm)等,一般都不适合传感器网络的特点和要求。传感器中的大部分节点不像 Ad‒hoc 网络中的节点一样快速移动,因此没有必要花费很大的代价频繁地更新路由表信息。

(1)平面路由协议

1)Flooding

泛洪(Flooding)是一种传统的路由技术,不要求维护网络的拓扑结构,并进行路由计算,接收到消息的节点以广播形式转发分组。对于自组织的传感器网络,泛洪路由是一种较直接的实现方法,但消息的"内爆"(implosion)和"重叠"(overlap)是其固有的缺陷。为了弥补这些缺陷,S. hedetniemi 等人提出了 Gossiping 策略,节点随机选取一个相邻节点转发它接收到的分组,而不是采用广播形式。这种方法避免了消息的"内爆"现象,但有可能增加端到端的传输延时。

2)SPIN (Sensor Protocol for Information via Negotiation)

SPIN 是以数据为中心的自适应路由协议,通过协商机制来解决泛洪算法中的"内爆"和"重叠"问题。传感器节点仅广播采集数据的描述信息,当有相应的请求时,才有目的地发送数据信息。SPIN 协议中有 3 种类型的消息,即 ADV、REQ 和DATA。节点用 ADV 宣布有数据发送,用 REQ 请求希望接收数据,用 DATA 封装数据。SPIN 协议有 4 种不同的形式如下:

- SPIN‒PP,采用点到点的通信模式,并假定两节点间的通信不受其他节点的干扰,分组不会丢失,功率没有任何限制;要发送数据的节点通过 ADV 向它的相邻节点广播消息,感兴趣的节点通过 REQ 发送请求,数据源向请求者发送数据;接收到数据的节点再向它的相邻节点广播 ADV 消息,如此重复,使所有节点都有机会接收到任何数据。

- SPIN‒EC,在 SPIN‒PP 的基础上考虑了节点的功耗,只有能够顺利完成所有任务且能量不低于设定阈值的节点才可参与数据交换。

- SPIN‒BC,设计了广播信道,使所有在有效半径内的节点可以同时完成数据交换;为了防止产生重复的 REQ 请求,节点在听到 ADV 消息以后,设定一个随机定时器来控制 REQ 请求的发送,其他节点听到该请求,主动放弃请求权利。

- SPIN‒RL,它是对 SPIN‒BC 的完善,主要考虑如何恢复无线链路引入的分组差错与丢失;记录 ADV 消息的相关状态,如果在确定时间间隔内接收不到请求数据,则发送重传请求,重传请求的次数有一定的限制。

3) SAR(Sequential Assignment Routing)

在选择路径时,有序分配路由(SAR)策略充分考虑了功耗、QoS 和分组优先权等特殊要求,采用局部路径恢复和多路经备份策略,避免节点或链路失败时进行路由重计算需要的过量计算开销。为了在每个节点与 sink 节点间生成多条路经,需要维护多个树结构,每个树以落在 sink 节点有效传输半径内的节点为根向外生长,枝干的选择需满足一定 QoS 要求并要有一定的能量储备。这一处理使大多数传感器节点可能同时属于多个树,可任选其一将采集的数据回传到 sink 节点。

4) 定向扩散(Directed Diffusion)

定向扩散模型是 Estrin 等人专门为传感器网络设计的路由策略,与已有的路由算法有着截然不同的实现机制。节点用一组属性值来命名它所生成的数据。sink 节点发出的查询业务也用属性的组合表示,逐级扩散,最终遍历全网,找到所有匹配的原始数据。有一个称为"梯度"的变量与整个业务请求的扩散过程相联系,反映了网络中间节点对匹配请求条件的数据源的近似判断,更直接的方法是节点用一组标量值表示它的选择,值越大意味着向该方向继续搜索获得匹配数据的可能性越大,这样的处理最终将会在整个网络中为 sink 节点的请求建立一个临时的"梯度"场,匹配数据可以沿"梯度"最大的方向中继回 sink 节点。

(2) 层次路由协议

1) LEACH(Low Energy Adaptive Clustering Hierarchy)

LEACH 是 MIT 的 Chandrakasan 等人为无线传感器网络设计的低功耗自适应聚类路由算法。与一般的平面多跳路由协议和静态聚类算法相比,LEACH 可以将网络生命周期延长 15%,主要通过随机选择聚类首领,平均分担中继通信业务来实现。LEACH 定义了"轮"(round)的概念,一轮由初始化和稳定工作两个阶段组成。为了避免额外的处理开销,稳定态一般持续相对较长的时间。在初始化阶段,聚类首领是通过下面的机制产生的。传感器节点生成 0,1 之间的随机数,如果大于阈值 T,则其中 p 为节点中成为聚类首领的百分数,r 是当前的轮数。一旦聚类首领被选定,它们便主动向所有节点广播这一消息。依据接收信号的强度,节点选择它所要加入的组,并告知相应的聚类首领。基于时分复用的方式,聚类首领为其中的每个成员分配通信时隙。在稳定工作阶段,节点持续采集监测数据,传给聚类首领,进行必要的融合处理之后,发送到 sink 节点,这是一种减小通信业务量的合理工作模式。持续一段时间以后,整个网络进入下一轮工作周期,重新选择聚类首领。

2) TEEN(Threshold Sensitive Energy Efficient Sensor Network Protocol)

依照应用模式的不同,通常可以简单地将无线自组织网络(包括传感器网络和 Ad-hoc 网络)分为主动(proactive)和响应(reactive)两种类型。主动型传感器网络持续监测周围的物质现象,并以恒定速率发送监测数据;而响应型传感器网络只是在被观测变量发生突变时才传送数据。相比之下,响应型传感器网络更适合应用在敏感时间的应用中。TEEN 和 LEACH 的实现机制非常相似,只是前者是响应型的,而后者属于主动型传感器网络。在 TEEN 中定义了硬、软两个门限值,以确定是否需要发送监测数据。当监测数据第一次超过设定的硬门限时,节点用它作为新的硬门限,并在接着到来的时隙内发送它。在接下来的过程中,如果监测数据的变化幅度大于软门限界定的范围,则节点传送最新采集的数据,并将它设定为新的硬门限。通过调节软门限值的大小,可以在监测精度和系统能耗之间取得合理的平衡。NS2 平台上的仿真研究结果表明 TEEN 比 LEACH 更有效。

3) PEGASIS(Power - Efficient Gathering in Sensor information System)

PEGASIS 由 LEACH 发展而来,它假定组成网络的传感器节点是同构且静止的。节点发送能量递减的测试信号,通过检测应答来确定离自己最近的相邻节点。通过这种方式,网络中的所有节点能够了解彼此的位置关系,进而每个节点依据自己的位置选择所属的聚类,聚类的首领参照位置关系优化出到 sink 节点的最佳链路。因为 PEGASIS 中每个节点都以最小功率发送数据分组,并有条件完成必要的数据融合,减小业务流量。因此,整个网络的功耗较小。研究结果表明,PEGASIS 支持的传感器网络的生命周期是 LEACH 的近两倍,PEGASIS 协议的不足之处在于节点维护位置信息(相当于传统网络中的拓扑信息)需要额外的资源。

4) 多层聚类算法

多层聚类算法是 Estrin 为传感器网络设计的一种新的聚类实现机制。工作在网络中的传感器节点处于不同的层,所处层次越高,所覆盖面积越大。起初,所有节点均在最低层,通过竞争获得提升高层的机会。新的工作周期开始时,每一个节点都广播自己的状态信息,包括储备能量、所在层次和首领的 ID(如果有)等,然后进入等待状态以便相互了解信息,等待时间与所在层次成正比。处在最低层的节点如果没有首领,则等待状态结束后,立刻启动一个"晋升定时器",定时时间与自身能量以及接收到同层其他节点广播消息的数目成反比,目的是为能量较高且在密集区的节点获得较多的提升机会。一旦定时时间到,节点升入高层,将发给自己广播消息的节点视为潜在的子节点,并广播自己新的状态信息,低层节点选择响应这些准首领的广播消息,最终确定唯一的通信关系。选择了首领的节点,自己的"晋升定时器"将停止工作,也就意味着本轮放弃了晋升机会。在每一个工作周期结束以后,高层节点将视自己的状态信息(如有无子节点,功率是否充足)决定是否让出首领位置。上述的多层聚类算法具有递归性,Estrin 等人用两层模型验证了它在传感器网络中的有效性。

2. 链路层

链路层协议用于建立可靠的点到点或点到多点通信链路,主要由介质访问控制(MAC)组成。就实现机制而言,MAC 协议分为 3 类:确定性分配、竞争占用和随机访问。前两者不是传感器网络的理想选择,因为 TDMA 固定时隙的发送模式功耗过高,为了降低功耗,空闲状态应关闭发射机;竞争占用方案需要实时监测信道状态,也不是一种合理的选择;随机介质访问模式比较符合无线传感网络的节能要求。

蜂窝电话网络、Ad-hoc 和蓝牙技术是当前主流的无线网络技术,但它们各自的 MAC 协议不适合无线传感器网络。GSM 和 CDMA 中的介质访问控制主要关心如何满足用户的 QoS 要求和节省带宽资源,功耗是第二位的;Ad-hoc 网络则考虑如何在节点具有高度移动性的环境中建立彼此间的链接,同时兼顾一定的 QoS 要求,功耗也不是其首要关心的;而蓝牙采用了主从式的星形拓扑结构,这本身就不适合传感器网络自组织的特点。基于以上两个方面的原因,需要为传感器网络设计新的低功耗 MAC 协议。下面我们简单介绍几种已有的典型方案。

（1）SMACS

SMACS 是分布式的 MAC 协议,无须任何局部或全局主节点的调度便能让传感器节点发现相邻节点,并安排合理信道占用时间。在具体实现中,相邻节点的发现和信道的分配是一起完成的,因此,当节点听到它所有的相邻节点时,也就意味着已经建立相应的通信子网,链路由固定频率、随机选择的时隙组成。SMACS 无须全网的时间同步机制,但在各子网内部保持同步是必要的。在竞争信道资源时,带延时的随机唤醒机制有效地减小了能量的损耗。SMACS 的缺点是时隙分配方案不够严密,属于不同子网的节点之间有可能永远得不到通信机会。

（2）基于 CSMA 的介质访问控制

传统的载波侦听/多路访问（CSMA）机制不适合传感器网络的原因有两个:第一,持续侦听信道的过量功耗;第二,倾向支持独立的点到点通信业务,这样容易导致邻近网关的节点获得更多的通信机会,而抑制多跳业务流量,造成不公平。为了弥补这些缺陷,Woo 和 Culler 从两个方面对传统的 CSMA 进行了改进,以适应传感器网络的技术要求:①采用固定时间周期性侦听方案节省功耗;②设计自适应传输速率控制（Adaptive Transmission Rate Control,简称 ARC 策略）,有针对性地抑制单跳通信业务量,为中继业务提供更多的服务机会,提高公平性。相似的工作还有 Wei Ye 等人设计的 SMAC（sensor media access control）协议。其也是利用周期性侦听机制降低功耗,但没有考虑公平性问题,而是在 PAMAS（Power Aware Multi-Access Protocol with Signalling）的启发下,精简了用于同步和避免冲突的信令机制。以上两种基于 CSMA 改进的传感器网络 MAC 协议都在 TinyOS 微操作系统上进行了实现,并分别在 SmartDust 硬件平台上进行了测试,相比 802.11 标准定义的 MAC 协议降低了 1～5 倍的功耗,基本上可为传感器网络所用.

（3）TDMA/FDMA 组合方案

Sohrabi 和 Pottie 设计的传感器网络自组织 MAC 协议是一种时分复用和频分复用的混合方案,具有一定的代表性。节点上维护着一个特殊的结构帧,类似于 TDMA 中的时隙分配表,节点据此调度它与相邻节点间的通信。FDMA 技术提供的多信道,使多个节点之间可以同时通信,有效地避免了冲突,只是在业务量较小的传感器网络中,该组合协议的信道利用率较低,这是因为事先定义的信道和时隙分配方案限制了对空闲时隙的有效利用。

6.2.7 无线通信技术

随着物联网的发展,当今许多行业都可以找到越来越多的实际应用。不同的应用领域具有特定的要求和考虑因素,这意味着需要不同的技术。广泛安装的短程无线电连接(例如,蓝牙和 ZigBee)不适用于需要具有低带宽的长距离性能的场景。基于蜂窝技术的 M2M 解决方案可以提供大范围的覆盖,但是它们会消耗过多的功率。物联网提供了更好的解决方案,可以处理大量不断发展的设备,包括覆盖范围、可靠性、延迟和成本效益等基本要求。低功耗、广域(LPWA)技术正瞄准这些新兴应用和市场。LPWA 是一组通用术语,可以以更低的成本和更好的功耗实现广域通信。它非常适合只需要在远距离传输少量信息的物联网应用。就在 2013 年初,"LPWA"一词甚至不存在。然而,随着物联网市场的迅速扩张,LPWA 成为物联网中增长速度更快的空间之一。许多 LPWA 技术已经在许可和未许可市场中出现,例如 LTE-M、SigFox、远程(LoRa)和窄带(NB-IoT)。其中,LoRa 和 NB-IoT 是两项领先的新兴技术。常用的无线通信技术有以下 7 种。

1. 卫 星

卫星通信是无线技术之一,广泛传播到世界各地,使用户几乎可以在地球上的任何地方保持连接。在这种通信模式中使用的卫星通过无线电信号直接与轨道卫星通信。除了在成本方面比其对应物更昂贵外,便携式卫星电话和调制解调器具有比蜂窝设备更强大的广播能力,因为它们具有较高的范围。

例如,为了通过卫星通信装配船舶,传统通信系统链接到单个卫星,这允许多个用户共享相同的广播设备。

1. Wi-Fi

Wi-Fi 是许多电子设备(如笔记本电脑、智能手机等)使用的一种低功耗无线通信形式。在 Wi-Fi 设置中,无线路由器充当通信集线器。由于传输功率低,这些网络的范围非常有限,允许用户仅在靠近路由器或信号中继器的地方进行连接。Wi-Fi 在家庭网络应用中很常见,无需电缆、方便快捷。出于安全目的,Wi-Fi 网络需要使用密码进行保护,以免被其他人访问。

Wi-Fi 大概是我们日常使用最多的网络技术,发展出了 802.11 a/b/g/n/ac 等标准,主要工作在 2.4G 以及 5G 的频段,使用的带宽在 25 MHz、20 MHz、40 MHz、80 MHz、160 MHz 不等。其特点是速率高(一般可达 100 Mbps)、覆盖范围中等(无障碍物的情况下为 100～250 m)、能耗高。

Wi-Fi 的优点如下:

① 易于集成和便利,此类网络的无线特性允许用户从几乎任何方便的位置访问网络资源。

② 移动性,随着公共无线网络的出现,用户甚至可以在正常工作环境之外访问

互联网。

③ 可扩展性,无线网络能够使用现有设备为突然增加的客户端提供服务。在有线网络中,其他客户端需要额外的布线。

Wi-Fi 的缺点如下:

① 射频传输和无线网络信号受到各种各样的干扰,包括超出网络管理员控制的复杂传播效应。

② 安全问题,无线网络可能会选择使用某些加密技术。

③ 对于更大的结构,范围将不足,并且为了增加其范围,必须购买中继器或附加接入点。

④ 大多数无线网络的速度将比最慢的普通有线网络慢。

安装基于基础设施的无线网络是一项复杂的设置。

2. 3G/4G

我们的移动通信网络使用 FDD 或者 TDD 技术,工作带宽在 1.4~20 MHz 不等。上行速率可达 75 Mbps,下行速率可达 300 Mbps。

3G/4G 的特点如下:

① 速率高。

② 覆盖广(最多可达 100 km)。

③ 支持高移动性(所以我们在高铁上也可以使用)。

4. 蓝　牙

蓝牙技术允许各种不同的电子设备无线连接到系统,以便传输和共享数据,这是蓝牙的主要功能。手机通过蓝牙的帮助连接到免提耳机,无线键盘、鼠标和麦克风连接到笔记本电脑,因为它将信息从一个设备传输到其他设备。蓝牙技术具有许多功能,并用于无线通信市场。蓝牙使用主/从模式,工作在 2.5 GHz 频段,视工作模式,覆盖范围为 10 cm~100 m 不等。

蓝牙的特点如下:

① 覆盖范围小。蓝牙技术使用无线电波在设备之间进行通信。

② 小网络(最多 7 个从设备)。

③ 速率低(1~3 Mbps)。

④ 相对节能(可以持续数天)。

5. ZigBee

ZigBee 是一种无线通信标准,旨在满足低功耗、低成本无线传感器和控制网络的独特需求。ZigBee 几乎可以在任何地方使用,因为它易于实现并且操作功率很小。ZigBee 已经开发出来,下面通过简单的结构(如来自传感器的数据)来研究数据通信的需求。

ZigBee 的特征如下:

① 速率低(最大 0.25 Mbps)。

② 能耗低(可以依靠电池使用数月甚至数年)。

③ 覆盖范围中等。

6. NB－IoT

窄带物联网(NB－IoT)是由 3GPP 开发的低功率广域网(LPWAN)无线电技术标准,用于支持各种蜂窝设备和服务。该规范在 3GPP Release 13(LTE Advanced Pro)中被冻结。其他 3GPP IoT 技术包括 eMTC(增强型机器类型通信)和 EC－GSM－IoT。

NB－IoT 专注于室内覆盖,成本低、电池寿命长和连接密度高。NB－IoT 使用 LTE 标准的子集,但将带宽限制为 200 kHz 的单个窄带。它使用 OFDM 调制进行下行链路通信,使用 SC－FDMA 进行上行链路通信。

NB－IoT 具备四大特点:一是,覆盖广,将提供改进的室内覆盖,在同样的频段下,NB－IoT 比现有的网络增益 20 dB 相当于提升了 100 倍覆盖区域的能力;二是,具备支撑连接的能力,NB－IoT 一个扇区能够支持 10 万个连接,支持低延时敏感度、超低的设备成本、低设备功耗和优化的网络架构;三是,更低功耗,NB－IoT 终端模块的待机时间可长达 10 年;四是,更低的模块成本,企业预期的单个接连模块不超过 5 美元。

7. LoRa

LoRa(Long Range)是一种获得专利的数字无线数据通信技术,由法国格勒诺布尔的 Cycleo 开发,并于 2012 年被 Semtech 收购。LoRa 使用免许可的亚千兆赫兹无线电频段,如 169 MHz、433 MHz、868 MHz(欧洲)和 915 MHz(北美)。LoRa 可实现远距离传输(农村地区超过 10 km),功耗低。该技术分为两部分——LoRa 物理层和 LoRaWAN(长距离广域网)上层。

LoRa 和 LoRaWAN 允许在农村、远程和离岸行业中为物联网(IoT)设备提供廉价的远程连接。它们通常用于采矿、自然资源管理、可再生能源、跨大陆物流和供应链管理。

LoRa 网络有以下特点和目标:

① 大范围覆盖(5~10 km)。

② 抗干扰。

③ 数据率从 300 bps~50 kbps 不等(欧洲)。

④ 低能耗(电池驱动 10 年)。

⑤ 双向通信。

⑥ 高网络容量——单个网关可以支持数万个终端节点。

6.2.8 无线传感器网络中的安全问题

传感器网络中定义了五个安全目标,即机密性、完整性、身份验证、可用性和实时性。机密性是隐藏来自被动攻击者的消息的能力,其中传感器网络上传递的消息保密。完整性是指确认消息在网络上未被篡改、更改或更改的能力。身份验证需要知道消息是否来自它声称来自的节点,确定消息来源的可靠性。可用性是确定节点是否具有使用资源的能力,并且网络可用于消息继续进行。实时性意味着接收者接收最近和新鲜的数据,并确保没有对手可以重播旧数据。当 WSN 节点使用共享密钥进行消息通信时,此要求尤其重要,其中潜在攻击者可以使用旧密钥启动重放攻击,因为新密钥正在刷新并传播到 WSN 中的所有节点。为了实现实时性,每个数据包应该添加诸如随机数或时间戳的机制。

6.3　基于无线传感器网络的实验平台介绍

实验系统以 ZigBee 协议为自组网络实现组网控制,综合实验开发系统如图 6.4 所示。实验系统共包含 7 个无线模块,无线模块的主芯片是 TI 公司的无线片上系统 CC2530,实验系统集成了多种传感器以及多种无线组网模式,可实现多种物联网构架。

图 6.4　测试系统综合实验平台

6.3.1 基于 **ZigBee** 的星形无线传感器网络综合实验

1. 实验目的

学习点对点通信原理及相关技术。

2. 实验内容

通过按键控制数据发送,完成 Z－Stack 点对点通信。

3. 实验设备

① 装有 IAR 开发及调试环境的 PC。

② XBee/ZigBee 云测试无线网络实验开发平台。

③ CC Debugger 仿真器。

④ USB 转 RS232 线缆。

4. 预备知识

Z－Stack 是符合 ZigBee 协议栈规范的一个硬件和软件平台,是 ZigBee 协议栈的一个具体实现。Z－Stack 是 TI 公司提供的协议栈,它是个半开源的协议栈,有些核心代码是以库的形式提供的。

Z－Stack 是下一代开源的云计算 IaaS(基础架构即服务)软件。它主要面向的是未来的智能数据中心,通过提供的 API 来管理包括计算、存储和网络在内的数据中心的各种资源。Z－Stack 的架构特点为高扩展性、高伸缩性和灵活性、高易用性及较好的可维护性高。

Z－Stack 的体系结构由称为层的各模块组成。每一层为其上层提供特定的服务,即由数据服务实体提供数据传输服务,管理实体提供所有的其他管理服务。每个服务实体通过相应的服务接入点(SAP)为其上层提供一个接口,每个服务接入点通过服务原语来完成所对应的功能。

Z－Stack 根据 IEEE 802.15.4 和 ZigBee 标准分为以下几层:API(Application Programming Interface)、HAL(Hardware Abstract Layer)、MAC(Media Access Control)、NWK(ZigBee Network Layer)、OSAL(Operating System Abstract System)、Security、Service、ZDO(ZigBee Device Objects)。

整个 Z－Stack 的主要工作流程,可分为以下 6 步:

① 关闭所有中断;

② 芯片外部(板载外设)初始化;

③ 芯片内部初始化;

④ 初始化操作系统;

⑤ 打开所有中断;

⑥ 执行操作系统。

5. 实验原理

点对点通信实现网内任意两个用户之间的信息交换。节点收到带有点对点通信标识信息的数据后,比较系统号和地址码,系统号和地址码都与本地相符时,将数据传送到用户终端,否则将数据丢掉,不传送到用户终端。点对点通信时,只有 1 个用户可收到信息。

点对点连接是两个系统或进程之间的专用通信链路。想象一下直接连接两个系统的一条线路,两个系统独占此线路进行通信。点对点通信的对立面是广播,在广播通信中,一个系统可以向多个系统传输。

ZigBee 是一种高可靠的无线数传网络,类似于 CDMA 和 GSM 网络。ZigBee 数传模块类似于移动网络基站。通信距离从标准的 75 m 到几百米、几公里,并且支持无限扩展。

与移动通信的 CDMA 网或 GSM 网不同的是,ZigBee 网络主要是为工业现场自动化控制数据传输而建立的,因而,它必须具有简单、使用方便、工作可靠、价格低的特点。而移动通信网主要是为语音通信而建立的,每个基站价值一般都在人民币百万元以上,而每个 ZigBee "基站" 却不到 1 000 元人民币。每个 ZigBee 网络节点不仅本身可以作为监控对象,例如其所连接的传感器不仅可以直接进行数据采集和监控,还可以自动中转别的网络节点传过来的数据资料。除此之外,每一个 ZigBee 网络节点(FFD)还可以在自己信号覆盖的范围内和多个不承担网络信息中转任务的孤立的子节点(RFD)无线连接。

ZigBee 作为一种短距离、低功耗、低数据传输速率的无线网络技术,是介于无线标记技术和蓝牙之间的技术方案,在传感器网络等领域应用非常广泛,这得益于它强大的组网能力,可以形成星形、树形和网状网三种 ZigBee 网络。

(1) 星形拓扑

星形拓扑是最简单的一种拓扑形式,它包含一个 Co - ordinator(协调者)节点和一系列的 End Device(终端)节点。每一个 End Device 节点只能和 Co - ordinator 节点进行通信。如果需要在两个 End Device 节点之间进行通信,则必须通过 Co - ordinator 节点进行信息的转发。星形拓扑结构示意图如图 6.5 所示。

这种拓扑形式的缺点是节点之间的数据路由只有唯一的一个路径。Co - ordinator(协调者)有可能成为整个网络的瓶颈。

(2) 树形拓扑

树形拓扑包括一个 Co - ordinator(协调者)以及一系列的 Router(路由器)和 End Device(终端)节点。Co - ordinator 连接一系列的 Router 和 End Device,它的子节点的 Router 也可以连接一系列的 Router 和 End Device。这样可以重复多个层级。树形拓扑结构示意图如图 6.6 所示。

树形拓扑需要注意以下几点:

● Co - ordinator 和 Router 节点可以包含自己的子节点。

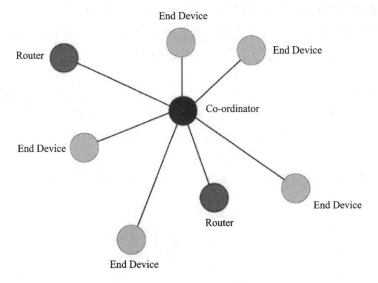

图 6.5 星形拓扑结构示意图

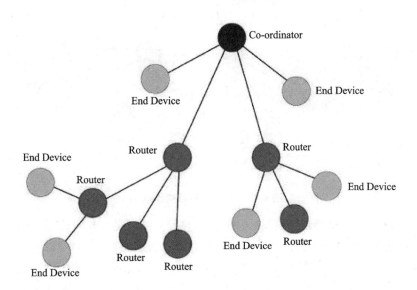

图 6.6 树形拓扑结构示意图

- End Device 不能有自己的子节点。
- 有同一个父节点的节点之间称为兄弟节点。
- 有同一个祖父节点的节点之间称为堂兄弟节点。

树形拓扑中的通信规则如下：

- 每一个节点都只能和它的父节点和子节点进行通信。
- 如果需要从一个节点向另一个节点发送数据，那么信息将沿着树的路径向上传递到最近的祖先节点然后再向下传递到目标节点。

这种拓扑方式的缺点就是信息只有唯一的路由通道。另外信息的路由是由协议栈层处理的,整个的路由过程对于应用层是完全透明的。

（3）网状拓扑

Mesh 拓扑(网状拓扑) 包含一个 Co－ordinator 和一系列的 Router 和 End Device。这种网络拓扑形式和树形拓扑相同,请参考上面所提到的树形网络拓扑。但是,网状网络拓扑具有更加灵活的信息路由规则,在可能的情况下,路由节点之间可以直接地通信。这种路由机制使信息的通信变得更有效率,而且意味着一旦一个路由路径出现了问题,信息可以自动地沿着其他的路由路径进行传输。Mesh 拓扑结构示意图如图 6.7 所示。

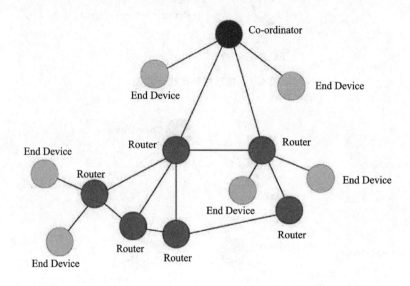

图 6.7 Mesh 拓扑结构示意图

Mesh 拓扑结构的网络具有强大的功能,网络可以通过"多级跳"的方式来通信;该拓扑结构还可以组成极为复杂的网络;网络还具备自组织、自愈功能。

本实验组建了两个星形网络,每个网络被分配一个信道,互不干扰。这两个网络均可以实现两个终端节点通过 ZigBee 向一个中心节点发送数据,同时显示自己的地址。中心节点通过串口和计算机进行连接,将数据发送到计算机上,并在计算机上进行显示。

6. 实验步骤

① 启动 IAR Embedded Workbench,编辑并输入中心节点源程序。

② 定义中心节点地址。

在 CenterPointPro－Debug/CenterPoint/centerCode.c 文件里可以修改目标地址,如定义目标地址为 1:

```
uint8 SEND_ADDR = 1;     //目标地址
```

在 CenterPointPro - Debug/CenterPoint/centerCode. h 文件里将目标地址修改为与 centerCode. c 对应的地址,如

```
#define ADDR 1          //目标地址
```

③ 定义网络的信道。

在 CenterPointPro - Debug/CenterPoint/centerCode. h 文件里可以修改网络的信道,如定义信道为 25:

```
#define CHANNEL 25      //信道可选择范围11~26
```

④ 选择 Project→Rebuild All 编译。编译完成后,连接好 CC Debugger 和目标板。**注意:**对于主节点应选择最右边的目标板,便于串口线的连接。打开目标板电源,按下 CC Debugger 的 Reset 键,此时 CC Debugger 的指示灯应为绿色。

⑤ 选择 Project→Download and Debug,进行下载。下载完成后,进度条消失,右上角会出现调试图标 ▶,单击 Go 按钮,执行完毕后,单击 ❸,退出调试状态。

⑥ 至此,中心节点配置完毕,接下来对终端节点进行配置。将 CC Debugger 从当前目标板取下,与另一个目标板连接。

⑦ 打开并输入终端节点源程序。

⑧ 定义终端节点地址。

在 CenterPointPro - Debug/CenterPoint/centerCode. h 文件里可以修改终端节点地址,如定义为 6:

```
#define ADDR  6         //可选范围1~6
```

⑨ 定义网络的信道。

在 CenterPointPro - Debug/CenterPoint/centerCode. h 文件里将网络的信道修改为与要通信的中心节点一致的信道,此时定义信道为 25:

```
#define CHANNEL  25       //信道可选择范围11~26
```

⑩ 定义终端节点的类型。

在 CenterPointPro - Debug/CenterPoint/centerCode. c 文件里可以修改终端节点类型,类型 1/2 分别表示发送温湿度/光度。

⑪ 定义终端节点的类型。

```
uint8 endType = 1;
```

⑫ 定义要通信的中心节点。

```
uint8 SEND_ADDR = 1;    //目标地址
```

⑬ 编译下载步骤同中心节点。

⑭ 将主节点通过串口线与计算机连接,在"开始"中搜索"设备管理器",单击"端口",查看目标板与计算机相连的端口。

⑮ 打开"串口调试助手",在"串口选择"下拉列表框中选择串口,波特率选择115 200,其余设置不变,配置完成后,"串口调试助手"对话框显示出主节点接收到子节点发来的数据,如图 6.8 所示。

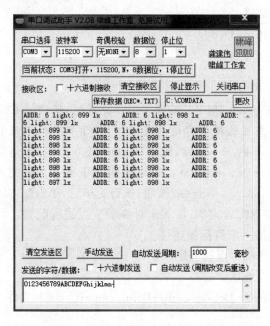

图 6.8 "串口调试助手"对话框

请参照上述步骤,组建与第一个网络处于不同信道的第二个网络,注意在"串口调试助手"对话框中端口可选择范围为 COM1~COM4,如果在"设备管理器"中查到端口超过此范围,可以在"设备管理器"中右击该端口,选择"属性"→"端口设置"→"高级",修改端口号。

7. 扩展实验

① 理解点对点通信过程,实现当点对点通信发生时,终端节点按下 BT1 或者 BT2 按键后,主节点进行跑马灯。

② 通过自己编写上位机程序(使用 C、C♯、VB、Labview、MATLAB、Labwindows/CVI 等均可)实现中心节点对至少 3 个终端节点的温湿度、光电参数的实时显示,采样频率可以通过软件界面设置(如 1 s 采集 1 次或者 2 s 采集一次),同时完成数据的实时存储,上位机参考界面如图 6.9 所示(未画出采样频率设置和数据保存部分)。

③ 基于此无线传感器实验平台,实现不同环境中的通信实验。每组使用一个中心节点和终端节点,将主节点固定在实验箱内,终端节点四角的螺丝可被拧开,从实

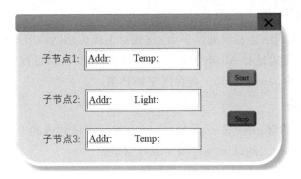

图 6.9　上位机软件界面示例

验箱内取出,移动到任意处,我们用电池盒对终端节点供电,分别测试有无障碍物、障碍物的材质(木质、金属)、有无天线、场地密集或开阔时,节点间可以通信的距离,记录并研究以上因素对通信质量的影响。终端节点与电池盒的连接方式如图 6.10 所示。

图 6.10　模块与电池盒的连接

6.3.2　基于 ZigBee 的 Mesh 无线传感器网络综合实验

1. 实验目的

① 学会协调器、路由、终端三种不同设备的原理和作用。

② 掌握 Mesh 型网络拓扑结构。

2. 实验内容

使用云测试无线网络实验开发平台,完成对无线传感网络节点的数据采集、自组网和自愈功能,本实验选择 Mesh 型网络拓扑结构,在实验的过程中,可以通过 TI 公司提供的 ZigBee Sensor Monitor 查看网络拓扑图。

3. 实验设备

① 装有 IAR 和 ZigBee Sensor Monitor 开发及调试环境的 PC。

② XBee/ZigBee 云测试无线网络实验开发平台。

③ CC Debugger 仿真器。

④ USB 转 RS232 线缆。

4. 预备知识

同 6.3.1 小节中的 Z - Stack 预备知识。

5. 实验原理

Z - Stack 符合 ZigBee 2006 规范,支持多种平台,包括基于 CC2420 收发器以及 TI MSP430 超低功耗单片机的平台、CC2530 SoC 平台等。Z - Stack 包含了网状网络拓扑的几近于全功能的协议栈,在竞争激烈的 ZigBee 领域占有很重要的地位。

6. 实验步骤

① 创建基于 ZigBee 的 Mesh 无线传感器网络实验工程文件,如图 6.11 所示。

图 6.11　新建项目

② 该工程包含 4 个子工程,其中两个子工程如图 6.12 所示。

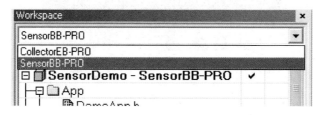

图 6.12　两个子工程

③ 配置传感器节点:选择 SensorBB - PRO,然后选择 Project→Rebuild All 编译,如图 6.13 所示。编译完成后,编译信息栏应有如下显示 errors:0;warnings:0。

图 6.13　编译选项

连接好 CC Debugger 和目标板,打开目标板电源,按下 CC Debugger 的 Reset 键,此时 CC Debugger 的指示灯应为绿色,单击 进行下载。

下载完成后,进度条消失,左上角出现调试窗口,如图 6.14 所示。

单击 ,退出调试状态,拔掉目标板电源或按下目标板的 Reset 键,此时 LED1、LED2 慢速闪烁,目标板已被设定为终端传感器节点。

(4) 配置协调器/路由器。

选择 CollectorEB,然后选择 Project→Rebuild All 编译,如图 6.15 所示。

图 6.14 调试窗口

图 6.15 协调器/路由器编译

编译完成后,编译信息栏应有如下显示 errors:0;warnings:0,如图 6.16 所示。

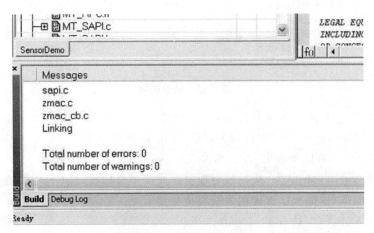

图 6.16 编译结果

连接好 CC Debugger 和目标板,打开目标板电源,按下 CC Debugger 的 Reset 键,下载完成后,进度条消失,左上角出现调试窗口,如图 6.17 所示。

图 6.17　调试状态

单击 🔁,目标板 LED1/LED2 同时闪烁,LED5/LED6 长亮。

此时,如果单击 🔀,则退出调试状态,拔掉目标板上的 DEBUG 线,重启目标板电源或按下目标板的 Reset 键,若 LED1、LED5、LED6 其中任一灯长亮,且 LED2 闪烁,则表明目标板已被设定为网络路由器节点。

此时,如果按下 BT1 键,LED1/LED5/LED6 长亮,则表明目标板已被设定为网络协调器节点。

⑤ ZigBee Sensor Monitor 的使用。

将协调器的串口与 PC 连接起来,启动 ZigBee Sensor Monitor,界面如图 6.18 所示。

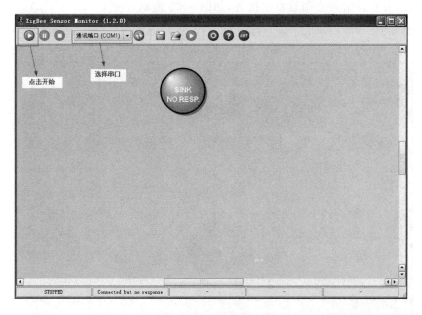

图 6.18　启动界面

选择正确的 COM 口,开启协调器电源,单击工具栏的 🔘,弹出如图 6.19 所示界面,协调器与计算机连接。

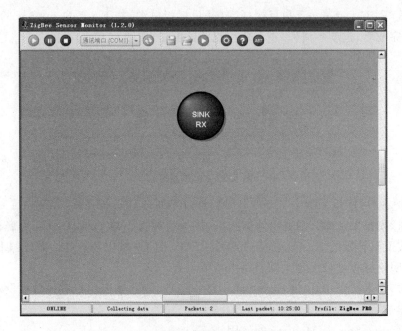

图 6.19　协调器与计算机连接

　　按下协调器的 BT1 键，开启接收报告功能。开启路由器节点电源，按下路由器的 BT2，路由器开始向协调器发送报告，如图 6.20 所示。

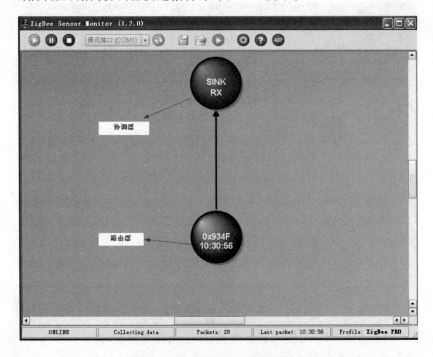

图 6.20　路由器向协调器发送报告

开启终端传感器节点电源,直到 LED1/LED2 开始不间断快速闪烁,表明该节点已加入网络,按下 BT2 键,终端开始向协调器发送报告,即为温湿度传感器其中的温度值。

在多跳实验中,实际上利用了路由器的功能,在网络中,终端节点会自动寻找一个比较适合的路径连接到协调器上,在没有发现或离协调器较远时,终端会选择路由器。所以在实验中,必须把协调器、路由器、终端传感器节点三种模式下的硬件设备相隔一定的距离,路由器必须在协调器与终端节点的中间,实验结果如图 6.21 所示。网络中有一个协调器,两个路由器和两个终端传感器节点。

注意:在实验室中,如果有多组协调器,则可以设置各个网络在不同的信道内通信,2.4 G 网络有 16 个信道可选择,还有一个 868 MHz 和一个 915 MHz 的信道,一共 18 个信道,如图 6.22 所示。

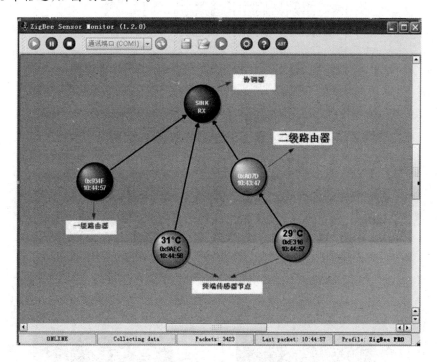

图 6.21　多跳组网

7. 上位机程序设计实例

（1）基于 LabView 的上位机软件

图 6.23 是采用虚拟仪器软件 Labview 开发的上位机与无线传感器网络主节点间通信的软件界面。程序主要包括基于 VISA 的串口通信模块(见图 6.24 和图 6.25)和字符串数据处理模块(见图 6.26)。软件的功能主要包括串口通信参数的设置、采集次数和采集时间的设置,以及光强、温度和湿度结果的图形显示。

```
f8wConfig.cfg

/* Default channel is Channel 11 - 0x0B */
// Channels are defined in the following:
//        0    :  868 MHz      0x00000001
//        1 - 10 :  915 MHz      0x000007FE
//       11 - 26 :  2.4 GHz      0x07FFF800
//
//-DMAX_CHANNELS_868MHZ        0x00000001
//-DMAX_CHANNELS_915MHZ        0x000007FE
//-DMAX_CHANNELS_24GHZ         0x07FFF800
//-DDEFAULT_CHANLIST=0x04000000  // 26 - 0x1A
//-DDEFAULT_CHANLIST=0x02000000  // 25 - 0x19
//-DDEFAULT_CHANLIST=0x01000000  // 24 - 0x18
//-DDEFAULT_CHANLIST=0x00800000  // 23 - 0x17
//-DDEFAULT_CHANLIST=0x00400000  // 22 - 0x16
//-DDEFAULT_CHANLIST=0x00200000  // 21 - 0x15
//-DDEFAULT_CHANLIST=0x00100000  // 20 - 0x14
//-DDEFAULT_CHANLIST=0x00080000  // 19 - 0x13
//-DDEFAULT_CHANLIST=0x00040000  // 18 - 0x12
//-DDEFAULT_CHANLIST=0x00020000  // 17 - 0x11
//-DDEFAULT_CHANLIST=0x00010000  // 16 - 0x10
//-DDEFAULT_CHANLIST=0x00008000  // 15 - 0x0F
//-DDEFAULT_CHANLIST=0x00004000  // 14 - 0x0E
//-DDEFAULT_CHANLIST=0x00002000  // 13 - 0x0D
//-DDEFAULT_CHANLIST=0x00001000  // 12 - 0x0C
-DDEFAULT_CHANLIST=0x00000800  // 11 - 0x0B
```

图 6.22　信道选择

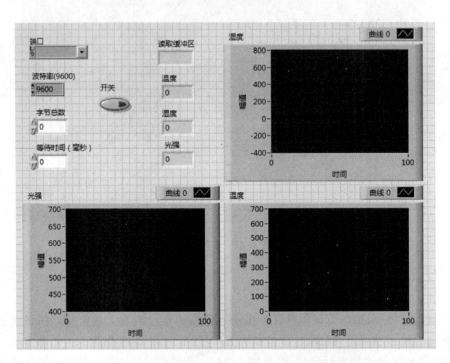

图 6.23　显示界面示意图

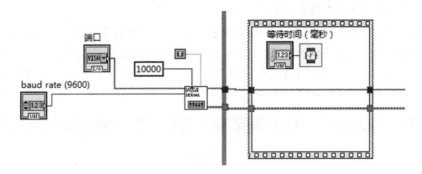

图 6.24　VISA 串口模组(1)

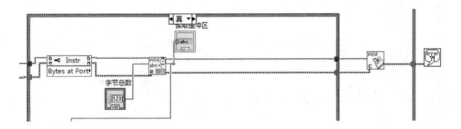

图 6.25　VISA 串口模组(2)

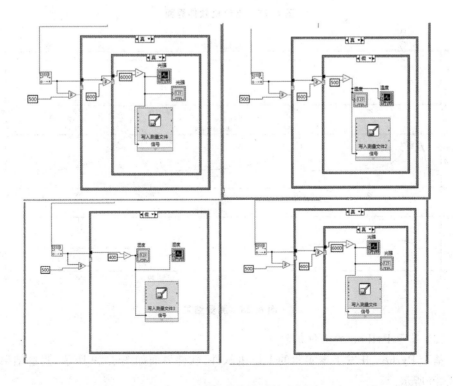

图 6.26　字符串数据处理输出框图

（2）基于 MATLAB 的上位机软件

基于科学计算软件 MATLAB,编写上位机软件。软件具有的主要功能:①实时采集并显示两个节点的光强数据;②可以设置串口参数和控制串口;③使用函数 uigetfile 将传送到上位机的数据存储到文件中。上位机软件界面如图 6.27 所示,测量结果如图 6.28 所示。

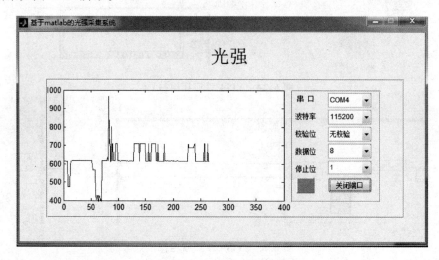

图 6.27　上位机软件界面

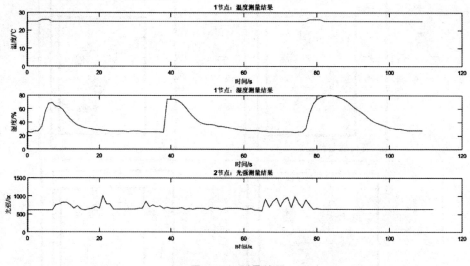

图 6.28　测量结果

（3）基于 Python 的上位机软件

基于 Python 开发了本实验的上位机软件,软件界面如图 6.29 所示,测量结果如图 6.30 所示。

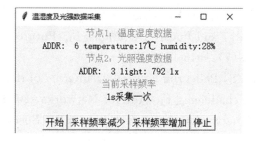

图 6.29　Python 上位机显示界面

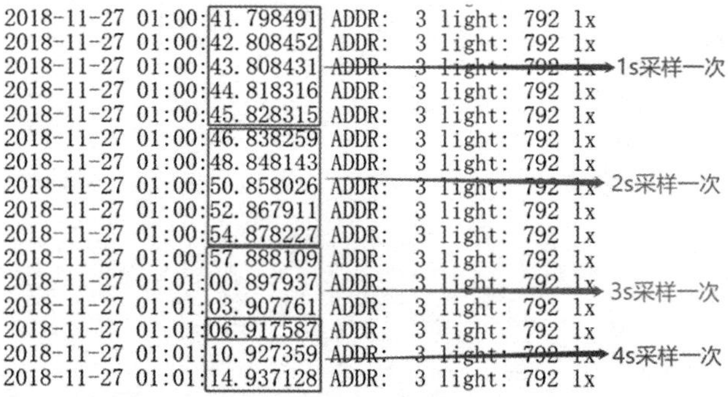

```
2018-11-27 01:00:41.798491 ADDR:   3 light: 792 lx
2018-11-27 01:00:42.808452 ADDR:   3 light: 792 lx
2018-11-27 01:00:43.808431 ADDR:   3 light: 792 lx    1s采样一次
2018-11-27 01:00:44.818316 ADDR:   3 light: 792 lx
2018-11-27 01:00:45.828315 ADDR:   3 light: 792 lx
2018-11-27 01:00:46.838259 ADDR:   3 light: 792 lx
2018-11-27 01:00:48.848143 ADDR:   3 light: 792 lx
2018-11-27 01:00:50.858026 ADDR:   3 light: 792 lx    2s采样一次
2018-11-27 01:00:52.867911 ADDR:   3 light: 792 lx
2018-11-27 01:00:54.878227 ADDR:   3 light: 792 lx
2018-11-27 01:00:57.888109 ADDR:   3 light: 792 lx
2018-11-27 01:01:00.897937 ADDR:   3 light: 792 lx    3s采样一次
2018-11-27 01:01:03.907761 ADDR:   3 light: 792 lx
2018-11-27 01:01:06.917587 ADDR:   3 light: 792 lx
2018-11-27 01:01:10.927359 ADDR:   3 light: 792 lx    4s采样一次
2018-11-27 01:01:14.937128 ADDR:   3 light: 792 lx
```

图 6.30　不同采样时间结果

参考文献

[1] European Research Projects on the Internet of Things(CERP-IoT) Strategic Research Agenda (SRA). Internet of things—strategic research roadmap [EB/OL]. (2009-09-15)[2010-05-12]. http://ec. europa. eu/information_society/policy/rfid/documents/in_cerp. pdf.

[2] Commission of the European communities,Internet of Things in 2020,EPoSS,Brussels [EB/OL]. (2008)[2010-05-12]. http://www. umic. pt/images/stories/publicacoe s2/Internet-of-Things _ in _ 2020 _ EC-EPoSS _Workshop_Report_2008_v3. pdf.

[3] 温家宝. 2010 年政府工作报告[EB/OL]. (2010-03-15) [2010-05-12]. http://www. gov. cn /2010lh /content_1555767. htm.

[4] Ornes S. Core Concept：The Internet of Things and the explosion of interconnectivity[J]. Proc Natl Acad Sci U S A，2016，113(40)：11059-11060.

[5] ATZORI, Luigi, IERA, et al. The Internet of Things：A survey[J]. Comput-

er Networks，2010，54(15):2787-2805.

［6］Gubbi J，Buyya R，Marusic S，et al. Internet of Things（IoT）：A Vision，Architectural Elements，and Future Directions[J]. Future Generation Computer Systems，2013，29(7):1645-1660.

［7］Miorandi D，Sicari S，Pellegrini F D，et al. Internet of things：Vision，applications and research challenges[J]. Ad Hoc Networks，2012，10(7):1497-1516.

［8］Raji R S. Smart networks for control[J]. IEEE Spectrum，1994，31(6):49-55.